室内设计

张　鹏
王　臣
单华杰
主　编

解本江
宋　丹
欧　瑞
副主编

清华大学出版社
北　京

内 容 简 介

本书共七章，以室内设计的理论知识为主要内容，以室内设计的主流软件 AutoCAD、3ds Max 和 SketchUp 为操作平台，通过典型实训项目的设计制作，深入浅出地引领读者了解室内设计的内容、原理和工作过程，帮助读者提高室内设计的审美能力，拓展室内设计的艺术思维，解析室内设计的操作技巧，为读者从事室内设计工作夯实技能基础，具有较强的理论性与可操作性。

本书可作为职业院校室内设计及相关专业的教学用书，也可作为培训机构的培训用书或业余爱好者自学室内设计的参考用书。

图书在版编目（CIP）数据

室内设计 / 张鹏，王臣，单华杰主编 . -- 北京：
清华大学出版社，2025.1. -- ISBN 978-7-302-67857-1

Ⅰ . TU238.2

中国国家版本馆 CIP 数据核字第 2024KF6431 号

责任编辑：陈凌云
封面设计：傅瑞学
责任校对：李　梅
责任印制：沈　露

出版发行：清华大学出版社

    网 址：https://www.tup.com.cn，https://www.wqxuetang.com
    地 址：北京清华大学学研大厦 A 座   邮 编：100084
    社 总 机：010-83470000   邮 购：010-62786544
    投稿与读者服务：010-62776969，c-service@tup.tsinghua.edu.cn
    质量反馈：010-62772015，zhiliang@tup.tsinghua.edu.cn
    课件下载：https://www.tup.com.cn，010-83470410

印 装 者：三河市龙大印装有限公司

经 销：全国新华书店

开 本：185mm×260mm   印 张：11   字 数：261 千字

版 次：2025 年 3 月第 1 版   印 次：2025 年 3 月第 1 次印刷

定 价：59.00 元

产品编号：107902-01

前　言

随着生活水平的日益提高，我国人民对生活环境质量有了更高的追求，室内设计这门学科应运而生。室内设计是一门发展中的学科，也是一门实用性和综合性很强的学科，所涉及的知识既深又广。

室内设计是设计艺术领域内极受重视的分支，从事该领域及其相关行业的人员数量日益增加，各级院校及培训机构相继开设了相关专业和课程。科技进步、信息传播的多元化趋势及审美观念的演变，既为室内设计师带来了无限的可能，也对他们提出了新的挑战。一名优秀的室内设计师不仅需要具备卓越的创造力，还需要紧跟时代步伐，不断提升自己的设计表达技巧。针对这一现实情况，本书结合中等职业学校的教学特点和需求，精心构建教学内容体系，旨在提供一本内容全面且易于理解的实用教材，使其既可作为室内设计的基础教学资源，也具备较强的针对性和实用性，能够拓展学生的实际应用能力。

本书共分七章，第一章为室内设计基本概论，侧重理论介绍；第二章、第三章是对室内空间的理论讲解与设计介绍，第四至七章则使用室内设计的主流软件 AutoCAD、3ds Max 和 SketchUp 进行实操，在学习室内设计理论知识的基础上，结合实际，引领读者了解室内设计的工作过程，掌握相关软件的基本操作技术，为未来从事室内设计工作夯实技能基础。

此外，本书还提供了丰富的图文资料，以及电子课件、电子教案、微课视频和试题等教学资源，读者可通过扫描二维码或登录新形态教材平台免费获取。

在编写过程中，编者参考了大量文献资料，并引用了一些美术作品，以供教学使用，在此向这些作品的创作者表示诚挚的谢意！

由于编者水平有限，书中难免存在不足之处，敬请广大读者批评指正。

编　者
2024 年 10 月

目　录

第一章 室内设计基本概论

第一节 室内设计的概念、意义和分类

一、室内设计的概念

室内设计是一门集艺术、科学和技术于一体的综合性学科，致力于通过创造性思维和技术手段，优化和提升人类居住与活动空间的品质。室内设计涉及空间环境、装修构造、陈设装饰在内的所有建筑物内部所包含的空间内容，以审美为准则，通过物质材料和技术的叠加应用，展现具有创意性的室内空间环境。

在室内设计的过程中，设计师需要全面考虑空间的使用性质、环境因素及居住者的需求，通过精准的空间规划、色彩搭配、材质选择与细节装饰，营造出既符合功能需求又富有审美情趣的室内环境。这一过程不仅考验设计师的艺术修养与审美能力，还要求其具备扎实的建筑、材料、工艺等专业知识，以及对人体工程学、心理学、行为学等学科的深刻理解。

随着时代的发展，室内设计行业不断融入新的理念和技术，如智能家居系统、绿色环保材料的应用等，这进一步提升了居住空间的便捷性、节能性和健康性。同时，室内设计也成为反映时代精神、地域文化和个人品位的重要载体，其在社会生活中的地位和作用日益凸显。

二、室内设计的意义

（一）提升生活品质

室内设计通过合理的空间规划、色彩搭配、材质选择等手法，创造出既美观又实用的居住环境。这样的环境能够让人感受到舒适与放松，从而提升生活的整体品质。

（二）优化空间功能

室内设计的目标不仅仅是装饰，更重要的是对空间功能的优化。合理的布局规划、多

功能家具的应用以及隐藏式存储的设计等手段，都能有效提升空间的利用率，让室内空间变得更加宽敞和整洁（见图 1-1）。

图 1-1　楼梯储藏空间

（三）体现文化内涵

室内设计作为文化艺术的一部分，承载着丰富的文化内涵和历史传承。设计师在设计过程中会融入当地的历史文脉、建筑风格和环境氛围，使空间具有独特的文化内涵。

（四）增强社交互动

室内空间不仅是居住者个人的私密领地，也是与家人、朋友进行社交互动的场所。巧妙的设计能够营造出温馨、和谐的社交氛围，促进人与人之间的交流与沟通。例如，开放式厨房的设计可以让烹饪成为一种家庭共享的乐趣；客厅中的沙发组合则能为朋友聚会提供舒适的交流空间。

三、室内设计的分类

根据建筑物的使用功能，室内设计大致可分为以下几类。

（一）居住建筑室内设计

居住建筑的主要作用是解决家庭生活问题，为理想家庭塑造合理的生活环境。其设计主要涉及住宅、公寓和宿舍，具体包括前室、起居室、餐厅、书房、工作室、卧室、厨房和卫浴等空间的设计。这类设计旨在创造舒适、温馨的居住环境，满足人们的日常生活需求（见图 1-2）。

图 1-2　住宅

（二）公共建筑室内设计

1. 文教建筑室内设计

文教建筑包括幼儿园、学校、图书馆、科研楼等，设计内容涵盖门厅、过厅、中庭、教室、活动室、阅览室、实验室、机房等空间。文教建筑室内设计需要体现文化气息和教育功能，同时满足使用者的学习和活动需求（见图 1-3）。

图 1-3　图书馆

2. 医疗建筑室内设计

医疗建筑室内设计涉及医院、社区诊所、疗养院等，具体包括门诊室、检查室、手术室和病房等空间的设计。医疗建筑室内设计需要注重卫生、安全和便捷性，为病患和医护人员提供良好的医疗环境（见图1-4）。

图1-4　医院

3. 办公建筑室内设计

办公建筑室内设计主要针对行政办公楼和商业办公楼，设计内容包括办公室、会议室及报告厅等空间。这类设计需要体现专业性和高效性，从而满足办公人员的工作需求（见图1-5）。

图1-5　办公室

4.商业建筑室内设计

商业建筑包括购物中心、便利店、餐饮建筑等，设计内容涵盖营业厅、专卖店、酒吧、茶室、餐厅等空间。商业建筑室内设计需要以吸引顾客和营造购物氛围为主，从而提升商业空间的商业价值（见图1-6）。

图1-6　购物中心

5.展览建筑室内设计

展览建筑室内设计主要涉及美术馆、展览馆和博物馆等，设计重点在于展厅和展廊等空间。这类设计需要注重艺术性和展示效果，为观众提供良好的观展体验（见图1-7）。

图1-7　展览馆

6. 娱乐建筑室内设计

娱乐建筑室内设计包括歌厅、棋牌室、游乐场等娱乐场所的室内设计。这些设计需要注重娱乐性和互动性，为顾客提供沉浸式娱乐体验（见图1-8）。

图 1-8 游乐场

7. 体育建筑室内设计

体育建筑室内设计主要针对体育馆、游泳馆等体育设施进行设计，包括对比赛场地和训练场地及配套的辅助用房的设计。体育建筑室内设计需要注重运动功能的实现和观众观赛体验的提升（见图1-9）。

图 1-9 体育馆

8. 交通建筑室内设计

交通建筑室内设计主要涉及公路、铁路、水路、民航的车站、码头、候机楼等建筑，设计内容包括售票厅、候车室、候船厅、候机厅等空间。这类设计需要注重人流疏导和乘客的舒适度（见图1-10）。

图 1-10　火车站候车厅

（三）工业建筑室内设计

工业建筑室内设计主要涉及各类厂房的车间和生活间及辅助用房的室内设计。这类设计需要满足工业生产的需求，同时注重工人的工作环境和安全性（见图1-11）。

图 1-11　厂房

（四）农业建筑室内设计

农业建筑室内设计主要涉及各类农业生产用房，如温室、饲养房等。设计需要根据农业生产的特点和需求进行规划，确保农业生产的高效性和可持续性（见图1-12）。

图1-12　温室

第二节　室内设计师的职责

一、室内设计师的职业素养

室内设计师是通过教育、实践经验或考试认定的一个职业，并且是以提高人们生活质量和生产效率，保护公众安全、健康和利益为目的，为优化室内空间的功能和设计质量而工作的人。

设计师在设计时应当超越简单的功能满足或形式模仿，深入探索并融入创造成分，使作品成为一种能够触动人心、引发共鸣的艺术表达。这样的作品不仅能够满足使用需求，而且能够在精神层面上与大众产生连接，成为被广泛接受并喜爱的经典之作。

作为一名专业的室内设计师，首先应具备如下职业素养：

（1）深厚的美学功底，精通比例、尺度、色彩与造型的和谐运用；

（2）拥有对环境和实际条件进行深入调查与分析的能力，确保设计既富有想象力，又具有落地可行性；

（3）积极创新，不断追求设计观点的多样性与新颖性，能够引领潮流；

（4）尊重文化与自然，倡导绿色设计理念，减少对环境的影响；

（5）以敬畏之心对待每一处细节，将责任感、人文关怀与科学精神融入设计之中。

其次，还要掌握以下基本知识与技能：

（1）了解空间设计原则，能够准确测量空间尺寸，并合理分配空间用途；

（2）熟悉不同室内装饰材料的性能、特点、价格及使用效果，包括木材、石材、玻璃、金属、布料等；

（3）熟悉室内装修的施工工艺流程，包括地面工程、木工工程、墙面装饰、油漆涂料、吊顶工程、电路灯具安装、卫浴洁具安装等；

（4）了解各种家具和装饰品的款式、材料、价格和使用场合，能够根据设计风格和客户需求进行选择和搭配；

（5）熟练掌握基本的专业绘图与制图技能，能熟练画出符合国家制图标准的各类设计图纸；

（6）熟练使用 AutoCAD、3ds Max、SketchUp 等设计软件，进行平面图、立面图、效果图等的制作；

（7）能够看懂各种土建施工图纸，除了结构施工图纸外，还包括给排水（上下水）工程图、采暖工程图、通风工程图、电气照明与消防工程图等，以避免装修设计与土建设施发生冲突；

（8）掌握预算报价与招投标的技巧，能够准确估算装修成本，制定合理的预算方案。

二、室内设计师的职责

室内设计师的职责在于将客户的居住空间或商业空间构想转化为既美观又实用的现实环境。设计师需要深入了解客户需求，包括功能布局、风格偏好及预算限制，通过创意构思与专业技术，规划空间布局，选择合适的色彩搭配、材质与家具，营造出符合客户期望且舒适的室内环境。归纳起来，室内设计师的职责主要包括以下六个方面。

（一）设计策划与创意

与客户沟通，理解其需求与期望，进行空间规划与设计构思。运用专业知识，包括色彩搭配、材质选择、家具布局等，创作出符合客户需求的设计方案。

（二）图纸绘制与深化

利用设计软件绘制详细的设计图纸，确保设计方案的准确传达。同时，根据施工需求，对施工图进行深化设计，以便施工团队能够精准执行。

（三）材料选择与成本控制

根据设计方案，选择合适的装修材料，并考虑成本因素，确保设计方案的经济性与可行性。与供应商沟通，确认材料样品，确保材料质量符合设计要求。

（四）施工监督与协调

在施工过程中，定期前往现场进行监督，确保施工按照设计图纸进行。与施工团队保持密切沟通，解决施工中出现的问题，确保项目顺利进行。同时，协调客户、施工团队及供应商之间的关系，确保项目按时完成。

（五）客户沟通与反馈

与客户保持沟通，及时解答客户疑问，根据客户需求调整设计方案。在施工过程中，收集客户反馈，不断优化设计方案，确保最终成果符合客户期望。

（六）市场趋势与技术学习

关注室内设计行业的最新动态和趋势，了解新材料、新技术、新风格等信息。持续学习，提升自己的专业素养和创新能力，以便在设计中融入创新元素，提升设计品质。

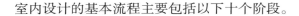

第三节　室内设计的基本流程与原则

一、室内设计的基本流程

视频讲解

室内设计的基本流程主要包括以下十个阶段。

（一）项目接洽

在项目接洽阶段，设计师的首要任务是与客户建立紧密的联系，这一环节是整个室内设计流程的"起跑线"。通过初次沟通，设计师需要全面而细致地了解项目的基本概况，包括项目的类型（如住宅翻新、新商业空间规划或办公区域设计等）、地理位置、空间大小、现有布局及存在的问题等。这些信息对于后续的设计构思至关重要，能够帮助设计师把握项目的整体框架和潜在挑战（见图 1-13）。

图 1-13　现场沟通

同时，设计师还要细心倾听客户的初步需求，包括客户对于设计风格的偏好（是偏好现代简约的线条美，还是钟情于古典奢华的繁复装饰等），以及客户对于项目预算的初步构想。这有助于设计师在后续的设计过程中更好地控制成本，确保设计方案既符合客户的审美追求，又能在预算范围内实现。

此外，设计师还需展现出高度的专业素养和敏锐的洞察力，通过提问和倾听，捕捉客户未明确表达但潜在的需求和期望，为后续的深入合作奠定坚实的基础。项目接洽不仅是信息交换的过程，而且是建立信任、明确方向的重要契机。

（二）现场勘察与测量

首先，设计师要对房屋的整体结构和布局进行勘察，了解房屋的朝向、采光、通风等基本条件。特别注意房屋的层高、梁位、柱位等结构细节，因为这些因素将直接影响后续的空间规划和设计。其次，设计师还要关注房屋周围的环境情况，如噪声、空气质量等，以便在设计时采取相应措施加以改善。

在勘察的基础上，设计师要使用专业的测量工具，如激光测距仪、卷尺等（见图1-14、图1-15），进行精确的测量工作，确保测量数据准确无误。首先是测定空间的总长度与总宽度，搭建测量的基础框架。其次是细致测量每面墙及门窗的精确尺寸，标注客厅、卧室、卫生间、厨房设施的准确位置。在这一过程中，设计师需同步在纸上勾勒出空间的平面图，确保测量的直观性与即时性（见图1-16）。

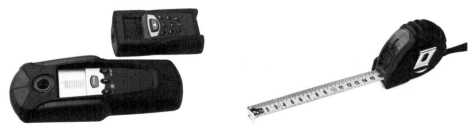

图 1-14 激光测距仪　　　　　　　　　　图 1-15 卷尺

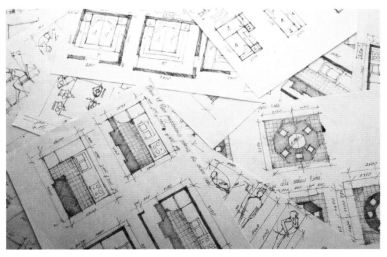

图 1-16 现场测量尺寸图

最后，不可忽视的是对细节元素的关注，如管道布局、电视天线插孔的位置等。这些细节看似微小，实则对空间的整体规划与使用便捷性有着重要的影响。

（三）概念设计

在室内设计的初始阶段，建筑平面与大体构思初具雏形，接下来的关键任务便是通过勾画草图来进一步细化和明确模糊的想法。这一过程不仅是对设计师思考轨迹的记录，而且是设计分析与优化的重要工具。在反复绘制与比较中，设计方案逐渐清晰，问题与挑战也随之浮现，这能够为后续的设计深化提供宝贵的方向指引（见图1-17）。

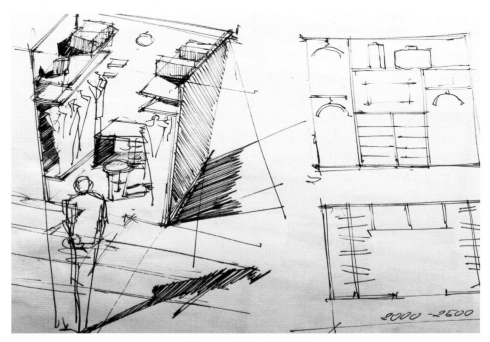

图1-17　室内设计草图

（四）方案设计

在设计室内装修方案时，通常采用专业图纸作为核心沟通工具，具体包括平面图、立面图和效果图，辅以详尽的设计说明，直观而清晰地向业主展现设计意图与预期效果，待与业主达成共识后再继续推进下一阶段工作。

1.平面图

平面图通过模拟从屋顶垂直向下的视角，展示室内空间的结构布局、门窗位置、隔墙划分及家具布局等关键元素。

在平面图中，不同的线条和符号代表墙壁、门窗、家具等元素，帮助设计师和业主清晰地了解空间分配和流线设计。通过平面图，设计师可以进行空间优化，确保功能性与美观性的完美结合。此外，平面图也是施工团队进行装修施工的重要依据，能够确保最终呈现的效果与设计初衷一致（见图1-18）。

图 1-18　平面图

2. 立面图

立面图则侧重于展示墙面、门窗、装饰构件等垂直面的设计细节，包括材质选择、纹理表现及色彩搭配等。立面图能够帮助业主想象空间的立体感和层次感，以及不同视角下的视觉效果。例如，在客厅设计中，立面图可以展示客厅墙面的装饰风格、电视背景墙的设计效果、天花板的造型和灯具布置等细节。

在绘制室内立面图时，多采用 1：30 的比例，这一比例能够较为准确地反映室内空间的真实尺寸，同时便于设计师在图纸上进行详细的标注和说明。立面图的标注内容包括纵向尺寸、横向尺寸和标高、材料名称、详图索引符号、图名和比例等（见图 1-19）。

图 1-19　餐厅立面图

3. 效果图

效果图是设计师将创意构思转化为视觉呈现的重要工具，它通过先进的渲染技术，模拟出室内空间装修完成后的逼真景象。业主可以直观地感受到设计方案的整体效果，预览未来家居或商业空间的样貌，促进设计与需求的精准对接（见图 1-20）。

图 1-20　室内效果图

（五）扩初设计

在室内设计流程中，扩初设计是深化设计方案的重要阶段。它基于初步设计方案，进一步细化空间布局、功能分区及细节处理，确保设计方案的可行性和实用性。在扩初设计阶段，设计师会综合考虑建筑结构、空间尺寸、材料特性、色彩搭配、照明效果及家具陈设等多方面因素，对设计方案进行精细化调整。

（六）施工图设计

在这一阶段，设计师需要依据初步设计或方案设计，结合建筑规范、技术标准及客户需求，绘制出详尽、准确的施工图纸。这些图纸包括建筑、结构、排水、电气、暖通等多个专业领域的详细设计，每一部分都需要精确标注尺寸、材料、构造做法及施工工艺要求（见图 1-21）。

图 1-21　施工图纸

除了技术上要精准无误外，施工图的设计还需要考虑施工的可行性、经济性及安全性，确保工程能够按照图纸顺利进行。通过细致入微的图纸表达，施工人员能够清晰理解设计意图，减少施工过程中的误解与错误，从而保障工程质量与进度。

（七）预算报价

室内设计的预算报价是一个复杂而细致的过程，它涉及多个方面的费用计算。一般来说，室内设计的预算报价主要包括以下五个项目。

1. 空间设计预算

空间设计预算包括空间的方案测量费用、方案设计费用、效果图设计费用及施工图设计费用等。这些费用是设计师根据客户需求进行创意设计，并转化为具体图纸所需的成本。

2. 基础装修预算

基础装修预算涉及空间每一部分所要用到的材料费（如水泥、沙子、石膏板、乳胶漆、瓷砖等）和人工费（包括施工人员的工资、福利等）。具体包括水电安装、防水防潮处理、墙面处理、地面铺设、门窗安装、吊顶处理等基础装修项目。这些费用通常根据房屋面积、装修档次和所选材料等因素来确定。

3. 空间软装预算

空间软装预算是指在室内设计中，针对家具、布艺（如窗帘、地毯、抱枕）、灯具、装饰品（如挂画、摆件）、绿植等软装配饰的购买与布置的费用。软装预算的多少取决于设计风格、材质选择、品牌档次，以及客户的个人喜好和预算限制。软装的选择和搭配对于最终的设计效果至关重要。

4. 空间设备预算

空间设备预算是指空间中的一系列设备费用，包括但不限于电器设备（如空调、冰箱、洗衣机、电视等）、安防设备（如监控摄像头、报警系统等）、消防设备（如烟感器、喷淋系统等）及影音娱乐设备（如音响系统、投影仪等）。

5. 其他费用

（1）税费。税费是指在装修过程中需要按照国家税法规定缴纳的费用。这部分费用通常包含在装修总费用中，但具体金额和比例可能因地区和税收政策而异。

（2）管理费。管理费是指装饰装修公司在管理中所发生的费用，这主要是针对大型装修公司而言。管理费涵盖了装修公司在装修过程中对项目进行监管、协调等工作的成本。如果是小型施工队或自己组织装修，则可能不会产生此项费用。

需要注意的是，室内设计的预算报价是一个动态的过程，随着设计方案的调整、材料价格的波动，以及施工过程中的实际情况变化，预算报价也需要进行相应的调整。因此，在制定预算报价时，需要充分考虑各种因素，从而确保预算的准确性和合理性。

（八）施工监理

在业主与施工方正式签订施工承包合同后，施工方可依据合同内容有序展开工作。在施工过程中，各项工序需要精心安排，以实现前后衔接、交叉进行，从而最大化地利用资源并提高效率。

首先，施工队伍会进驻现场，依据设计图纸精确布线。其次，优先安排瓦工进行基础砌筑与改造，随后木工团队跟进，进行吊顶安装、柜体制作等精细作业。待结构稳固后，油工接手，负责墙面处理、地面铺设以及最终的粉刷、油漆等工作（见图1-22）。

在整个施工过程中，设计人员应密切关注工地进展，不仅限于设计方案的实施情况，还需要积极与工长沟通协作，及时处理并解决施工中遇到的技术难题与设计调整需求。

图1-22　施工现场

（九）软装设计

在硬装基础完成后，软装设计需要精心策划。首先，根据空间功能与风格定位，挑选家具，确保其既实用又符合整体装修风格。其次，利用布艺（如窗帘、地毯、抱枕等）增添温馨感与层次感，同时调节光线与色彩。再次，艺术品、挂画与绿植的巧妙融入，能瞬间提升空间的艺术气息与自然感。最后，通过小饰品、摆件等细节装饰，展现居住者的品位与个性（见图1-23）。

软装布置需注重整体协调与细节精致，让每一件物品都能恰到好处地融入空间，共同营造一个和谐而富有故事感的生活场景。

图 1-23 软装布置

（十）验收交付

室内设计的验收交付工作涉及多个方面。首先，需要进行整体验收，检查装修质量和安全，确保所有工程按照合同和设计要求完成，无遗漏或质量问题。其次，要关注细节验收，如墙面、地面、顶棚的平整度和美观度，门窗、水电设备的安装质量和功能性。再次，还需要核对装修材料是否与合同一致，确保使用环保、合格的材料。最后，与装修公司或施工队沟通、解决发现的问题，并签订验收单，完成工程移交和款项支付。

二、室内设计的原则

室内设计的原则是室内设计中确保空间兼具功能性、美观性、实用性及舒适性的基础指导方针，以下是一些关键的室内设计原则。

（一）功能性原则

在进行室内设计时，首要考虑的是空间的功能需求。首先，要明确每个区域的具体功能，如客厅用于会客和休闲、卧室用于休息和睡眠、厨房用于烹饪等。其次，根据这些功能需求，合理划分空间区域，确保每个区域都能满足其特定的使用需求。功能性原则不仅要考虑空间的功能性，还要兼顾使用者的行为模式和习惯，以创造出一个既实用又舒适的室内环境。

（二）整体性原则

室内设计整体布局原则在于创造和谐、功能性与美观性兼具的空间。首先，注重空间的流畅性，确保各功能区之间顺畅连接，避免阻碍视线和动线。其次，注重光线与通风，利用自然光与合理开窗设计，营造明亮舒适的居住环境。此外，家具与装饰品的选择应既符合个人审美，又兼顾实用性与空间利用率，避免过多堆砌造成拥挤感。再次，注重空间层次感与视觉焦点的设置，通过不同材质、纹理与高度的搭配，增强空间立体感与趣味性。最后，整体布局需要考虑未来可能的变化与调整，预留一定的灵活性与可扩展性，以满足居住者不同阶段的需求。

（三）比例和尺度原则

比例和尺度原则是室内设计的核心原则之一。在这一原则下，各区域根据其功能需求和使用频率被赋予恰当的面积与高度，以确保空间既不过于拥挤，也不显空旷。例如，客厅作为家庭活动的中心，应占据较大面积以容纳多人聚会；而书房则相对静谧，面积适中即可。同时，家具与装饰品的尺寸需要精心挑选，与空间大小相匹配，避免过大造成压迫感，或过小显得空旷。

（四）美观性原则

室内设计的美观性原则，旨在通过空间布局、色彩搭配、材质选择及细节装饰等方面，营造出既满足功能需求又极具视觉美感的居住环境。它强调设计的和谐统一，将形式美与功能性完美融合，使人在其中既能感受到舒适与便利，又能获得视觉上的愉悦与享受。美观性不仅体现在外在的装饰效果上，更蕴含于空间的流动感、光线的运用以及氛围的营造中。巧妙的设计手法，如对称与平衡、对比与协调、节奏与韵律等，能够创造出层次丰富、富有变化的室内空间，让人在日常生活中也能体验到艺术的美感。

（五）人体工程学原则

从室内设计的视角出发，人体工程学主要通过对生理和心理的正确认识，使室内环境因素适应人类生活的需要，进而达到提高室内环境质量的要求。与人类活动相关的空间设计，以及家具、器物的设计必须既考虑人的体形特征、动作特征和体能极限等生理因素，又考虑人的感觉、知觉与室内环境之间的关系，如声、光、温度、色彩、形态等环境因素作用于人而产生的相应的感知和心理因素，从而为室内设计建立环境条件标准。

（六）灵活性与可变性原则

室内设计的灵活性与可变性原则强调设计应能够适应不同使用需求的变化，并具备未来调整与扩展的潜力。在设计初期，应预留足够的空间或采用模块化、可拆卸等设计手法，以便在不进行大规模改造的情况下，轻松调整空间布局或增减家具设施。此外，选用多功能家具和灵活的隔断系统也是实现空间灵活性的重要手段。通过这些方法，不仅可以满足当前的使用需求，还能为未来可能的变化提供便利，使空间更加实用且富有变化性。

（七）经济性原则

经济性原则在室内设计初期的体现，远不止简单的成本削减，而是一种深思熟虑的资源配置策略。它贯穿于材料选型的每一个考量中，力求在保证工程质量与安全的前提下，优先选择性价比高、耐久性强且对环境友好的材料，以此减少后续的维护成本，实现全生命周期的成本优化。同时，加工方式的优化也是关键的一环。通过技术创新与精细化管理，提高材料利用率，减少浪费，进一步压缩施工成本。此外，在施工过程管理方面，经济性原则倡导高效组织与精细施工，利用先进的项目管理工具和方法，合理规划施工进度，避免窝工与返工现象，确保资源（人力、物力、财力）的高效利用。

（八）安全性原则

在规划空间时，必须严格遵循安全规范，确保结构稳固、材料无毒无害，并有效预防火灾、触电等潜在危险。布局上要避免尖锐边角，采用防护措施，减少碰撞伤害。同时，应考虑紧急疏散通道与灭火设备的使用便捷性，确保在紧急情况下人员能够迅速安全撤离和灭火。此外，还需关注室内空气质量，选用环保材料，合理通风，减少有害气体积聚，为居住者创造一个既美观又安全的室内环境。

作业

（1）设计师与客户沟通的内容主要有哪些方面？

（2）室内设计的基本流程有哪些？

（3）以小组为单位，选择一个具体的室内空间（如卧室、客厅、办公室等），进行实地测量，并绘制现场测量平面图。

本章习题

第二章　室内空间规划与布局

PPT 讲解

第一节　空间的构成

视频讲解

一、空间的概念

空间是物质存在的一种客观形式，用长度、宽度和高度表示，是物质存在的广延性和伸张性的表现。当我们仰望夜空，那浩瀚无垠、超越人类认知极限的广袤区域，我们称为无限空间。它如同宇宙本身，没有明确的起点与终点，充满了未知与令人向往的神秘感（见图 2-1）。

相比之下，足球场在宇宙的尺度下显得微不足道，但正是这片有限的土地，被明确的边界线界定出了其独特的存在。球员们在界定的区域内奔跑竞技，观众则围坐在四周，共同体验这场运动盛宴。这种具有明确边界、可度量和可管理特性的空间，我们称为有限空间。它为人类活动提供了具体的场所和规则，使得每一项活动都能有序进行（见图 2-2）。

图 2-1　无限空间

图 2-2　有限空间

而公园则是另一种空间形态——外部空间（见图 2-3）的代表。它开放而包容，作为城市与自然之间的桥梁，连接着繁忙的街道与宁静的自然景观。公园内，树木葱郁、花香四溢、小径蜿蜒，为市民提供了一个亲近自然、放松身心的场所。这种与外部环境紧密相连又自成一体的空间特性，正是外部空间独有的韵味所在。

室内空间则是以明确的顶、地、墙等边界为特征的封闭或半封闭空间。无论是家庭住宅、办公场所还是商业设施，这些室内空间都是人类生活、工作和社交的重要场所（见图 2-4）。

图 2-3　外部空间

图 2-4　室内空间

二、空间的构成

在室内设计中，空间主要由基面、顶面和垂直面三大要素构成，这三大要素共同定义了室内空间的基本形态和视觉效果。

（一）基面

基面通常是指室内空间的底界面或底面，在建筑上称为"楼地面"或"地面"。基面是室内空间中人们最直接接触和最常活动的区域，其设计不仅要满足使用功能的需求，如行走、放置家具等，还要考虑到舒适性、安全性和美观性。

（二）顶面

顶面即室内空间的顶界面，在建筑上称为"天花板"或"顶棚"。顶面需要承担一定的结构和功能作用，如隐藏管线、安装灯具和通风设备等。同时，还要考虑保温、隔音和防火等性能要求。

（三）垂直面

垂直面又称"侧面"或"侧界面"，是指室内空间的墙面（包括隔断）。垂直面对空间的私密性、安全感和视觉效果有着重要的作用。

第二节　空间的类型和形态

一、空间的类型

（一）开敞空间与封闭空间

开敞空间是外向型的，其限定性和私密性较小，强调与空间环境的交流、渗透和融合。在视觉效果上，开敞空间往往能够创造出比实际面积更大的感觉，这是因为开放的布局减少了空间的压抑感，使光线和空气更加自由地流通。设计师常常利用开敞空间将室内与室外巧妙过渡，通过透明的隔断或大面积的窗户，将人们的视线引导至室外，让人们在享受室内舒适环境的同时，也能欣赏到大自然的湖光山色或庭院中的花草树木，从而实现身心的双重愉悦（见图2-5）。

相反，封闭空间则是由围护实体形成的独立空间。这类空间边界清晰、界限感强烈，整体属于内向型空间，具有较强的私密性和领域感，能带给居住者安全感。封闭空间的设计往往注重细节，通过材质、色彩、光影的巧妙运用，增强空间的温馨感与层次感，使居住者感受到私密与舒适的完美融合（见图2-6）。

图 2-5　开敞空间　　　　　　　　　　　　图 2-6　封闭空间

（二）固定空间与可变空间

固定空间，顾名思义，其形态、大小、布局及功能用途在设计之初就已确定，后期难以进行大幅度改动。这类空间往往具有稳定的结构、明确的边界和持久的功能性，如厨房、卫生间，或是图书馆、会议室等公共场所。固定空间的设计注重与建筑整体的协调性和耐久性，力求为使用者提供一个稳定、舒适的环境（见图2-7）。

可变空间则展现了更大的灵活性和多变性。它可以根据实际需求，通过改变布局、添加或移除隔断、调整家具位置等方式，轻松实现功能的转换与拓展。可变空间不仅提高了空间的使用效率，还赋予了空间更多的可能性与创造力。例如，多功能厅、开放式办公室或灵活的家居设计（见图2-8）。

图 2-7　固定空间　　　　　　　　　　　　图 2-8　可变空间

（三）静态空间与动态空间

静态空间是一种给人以稳定、宁静感受的空间形态。静态空间往往布局紧凑、界面清晰、色彩温和、光线柔和而均匀，营造出一种静谧、平和的氛围。在静态空间中，人们往往能够感受到一种心灵的安宁与放松，适合阅读、冥想、休息等需要静心凝神的活动。静态空间有书房、冥想室等（见图2-9）。

相比之下，动态空间主要强调空间的开敞性和视觉的导向性。其界面组织，特别是曲面设计，往往具有连续性和节奏性，使得空间构成形式富有变化性和多样性。这种空间设计常引导视线从一点转向另一点，营造出一种动态、流动的氛围。动态空间形态常常出现在公共场所，如展览馆、演出厅或走廊（见图2-10）。

图 2-9　静态空间

图 2-10　动态空间

（四）虚拟空间与虚幻空间

虚拟空间可视为一种"心理构造的空间"，其营造往往不依赖于复杂的建筑结构或庞大的体量，而是通过色彩、材质、光影、造型等视觉元素的巧妙运用，以及界面的局部变化来重新限定和划分空间。这种空间类型具有较强的灵活性和可变性，能够根据设计需求进行自由调整，营造出独特的空间氛围和视觉效果。例如，一片精心布置的绿化区域，不仅能够净化空气，更能以绿意盎然之姿，在观者心中勾勒出一个静谧的虚拟空间（见图2-11）。

虚幻空间更多地出现在艺术领域。它利用不同角度的镜面玻璃的折射及室内镜面反映的虚像，把人们的视线转向由镜面所形成的虚幻空间。在虚幻空间中，可以产生空间扩大的视觉效果，有时通过几个镜面的折射，还能使平面呈现出立体空间的视觉效果。这种空间形式不仅丰富了室内景观，还为人们带来了新奇的视觉体验。虚幻空间在艺术表现中具有重要意义，它可以通过符号形式表达人的生命情感，是艺术家创造力和想象力的体现（见图2-12）。

图 2-11　虚拟空间

图 2-12　虚幻空间

二、空间的形态

　　室内空间的空间形态是多种多样的，这些形态不仅影响着空间的视觉效果，还直接关系到空间的功能性和使用者的心理感受。以下是一些常见的室内空间形态及其特点。

（一）地台式空间

　　地台式空间是室内设计中一种多功能且富有层次感的设计元素。它通常是指安装在地面上、具有一定高度的台面或平台，既可作为休闲、喝茶、亲子娱乐等活动的场所，也可作为收纳空间，增强室内空间的实用性和美观性。地台设计灵活多样，可根据实际需求和空间特点进行定制，如采用砖砌或木质材料，结合储物柜、书桌等家具，实现空间的高效利用（见图 2-13 ）。

图 2-13　地台式空间

（二）下沉式空间

下沉式空间是一种独特的建筑或景观设计手法，它通过局部降低地面高度，创造出一种围合感强、层次分明的空间效果。下沉式空间常见于广场、庭院、商业区或居住区中，作为休闲、聚会或展示的场所。其边缘常设有台阶或斜坡，便于人们进出，同时也成为界定空间的重要元素。下沉式空间的设计注重与周围环境的融合，通过光影、植被、水景等元素的巧妙运用，营造出静谧、舒适的氛围，让人在繁忙的都市生活中找到一片宁静之地（见图2-14）。

图 2-14　下沉式空间

（三）凹入空间

凹入空间是指室内墙面或隔断局部向后退让，形成的一种相对封闭、内聚的空间形态。这种设计手法使得凹入区域在视觉上形成了一种"包裹感"，增强了空间的私密性和领域感。凹入空间常被用作休息区、阅读角或小型工作室，为使用者提供一个相对安静、独立的私人空间。在设计中，凹入空间的深度、宽度及开口的大小都需要根据具体的使用需求和空间环境进行精心规划，以确保其既满足功能需求，又能与整体空间和谐统一（见图2-15）。

图 2-15　凹入空间

（四）外凸空间

外凸空间是指通过向室外或室内其他区域凸出，形成的一种具有扩张性和开放性的空间形态。外凸空间往往能够打破传统空间的界限，将室内与室外环境或不同功能区域巧妙地连接起来，创造出一种流动、通透的空间感受。在设计中，外凸空间常被用作阳台、露台、观景台或展示区等，通过其独特的形态和位置，为室内环境引入更多的自然光线、景观视野或展示元素。同时，外凸空间的设计也需要充分考虑其结构安全、防水防潮及遮阳防晒等实际问题，以确保其长期使用的稳定性和舒适性（见图 2-16）。

图 2-16　外凸空间

（五）母子空间

母子空间是指在原空间（母空间）中，用实体性或象征手法再限定出小空间（子空间）。这种做法类似我国传统建筑中的"楼中楼""屋中屋"的做法，既能满足功能要求，又丰富了空间层次。母子空间的设计精髓在于"分而不离"，既保证了空间的多样性和功能性，又避免了空间的割裂感。通过巧妙的隔断、透明的材质、流畅的动线等，使母空间与子空间在视觉上相互渗透，情感上相互呼应（见图 2-17）。

图 2-17　母子空间

（六）悬浮空间

悬浮空间是一种充满未来感与科技魅力的设计概念，它打破了传统空间布局的界限，仿佛将室内空间轻轻托起，悬浮于现实与梦幻之间。在悬浮空间中，家具、装饰品乃至整个空间结构似乎都摆脱了重力的束缚，以不可思议的角度和姿态呈现，让人仿佛置身于一个超越现实的世界。悬浮空间不仅是对视觉的极致挑战，更是对技术创新的完美展现。它可能依赖于先进的支撑系统，如透明的钢丝、磁力悬浮等，使得空间内的布置既稳固又充满神秘感。同时，悬浮空间的设计也往往融入了大量的光影效果，通过光线的折射与反射，营造出更加丰富的层次感和深度感（见图 2-18）。

图 2-18　悬浮空间

第三节 空间的分隔和布局

一、空间的分隔

空间的分隔是通过巧妙的手法创造出既独立又相互联系的功能区域，以满足居住者多样化的生活需求。这种分隔不仅关乎物理界限的划分，而且在于营造空间氛围、提升居住体验。例如，在大居室中，人们往往把床和床头柜组成的睡眠区与沙发、写字台、柜等组成的起居活动区明显地分开，形成两个空间。

（一）空间分隔的类型

在套型设计中，我们要争取做到：动线最短；尽量减少或避免留有纯粹的过道面积；室内空间分工明确，相互关系良好；空间比例适度，房间舒适、敞亮。空间分隔一般有以下四种类型。

1. 绝对分隔

绝对分隔是使用承重墙、到顶的轻体墙等实体界面实现的空间分隔。每个单元都有独立的空间，界限明确，封闭性高，相邻的空间在声音、视线方面互不干扰，有较好的私密性，但流动性差。绝对分隔适用于大户型或需要高隐私性的空间，如酒店客房（见图 2-19）。

图 2-19 酒店客房

2. 相对分隔

相对分隔是通过不完全封闭的手段来区分不同的功能区域，可以保持空间之间的视觉联系和通透感。相比绝对分隔，相对分隔更加灵活多变，能够创造出更加开放、流畅的空间效果。

相对分隔可以采用矮墙、屏风、玻璃隔断、家具布局等多种方式来实现。例如，在客厅与书房之间设置一面半透明的隔断，既能保持两个区域的独立性，又能让光线和视线自由穿梭，营造出宽敞、明亮的整体空间感（见图2-20）。

图 2-20　相对分隔

3. 象征性分隔

象征性分隔不依赖于传统的墙体、隔断等硬性分隔手段，而是通过材质、色彩、光影、绿化植物、家具布局等象征性元素来暗示空间的划分，即一个空间在整体视野中、空间上能相互流通，而感觉上则有围合的意图（见图2-21）。

图 2-21　象征性分隔

4. 弹性分隔

弹性分隔是一种灵活多变的室内空间划分方式，它通过采用可折叠、可推拉、可升降等活动隔断体来实现空间的分隔与组合。例如，在客厅与阳台之间设置一个滑动隔断（见图 2-22）。

图 2-22 弹性分隔

（二）空间分隔的注意事项

（1）考虑空间的整体性和协调性。在进行空间分隔时，要注意保持整体空间的和谐统一，避免过于零碎或杂乱无章。

（2）明确用途与功能。在分隔前设计师需要充分了解空间的用途和功能需求，根据实际需求合理规划不同区域，如办公区、会议区、休息区等。

（3）考虑空间大小与形状。空间的大小和形状会影响分隔方式。小空间需要巧妙设计，以实现最大化利用；不规则空间则需要创新分隔方法，以适应实际需求。

（4）注重布局与流线。合理安排空间内各区域的布局关系，确保人流线路顺畅，从而提高空间使用效率。

（5）注重光线和通风。确保分隔后的空间仍然能够保持良好的光线和通风条件，避免产生压抑感或阴暗感。

（6）考虑可变性与灵活性。设计时应考虑未来可能的需求变化，使分隔后的空间能够方便调整和改造。

（7）选择合适的装修风格与材料。根据空间用途选择合适的装修风格和材料，同时考虑材料的耐久性和易清洁性。

（8）考虑居住者的需求和习惯。根据居住者的实际需求和使用习惯进行空间分隔，确保每个区域都能满足其特定的功能需求。

（9）注重隐私与安全。根据不同空间的需求设置隔断或遮挡物，确保隐私和安全。

二、空间布局

（一）居住建筑空间布局

1. 门厅

（1）门厅设计要点。门厅，又称玄关。作为居住建筑的入口区域，其空间布局应注重功能性、便捷性和美观性相结合。在布局上，首先应确保门厅有足够的空间供居住者进出时换鞋、放置随身物品等。通常，门厅会配备鞋柜、衣帽架或储物柜等家具。其次，门厅的布局应考虑与室内其他空间的顺畅连接，避免拥挤或形成阻碍。在装饰上，门厅可以运用柔和的灯光、简洁的线条和色彩搭配，营造出温馨舒适的氛围。此外，还可以根据空间大小和实际需求，在门厅设置换鞋凳、全身镜等辅助设施，提升空间的便捷性和舒适度（见图 2-23、图 2-24）。

图 2-23　门厅 1　　　　　　　　　　　　图 2-24　门厅 2

（2）门厅设计尺寸。门厅入口通道的宽度最好保证在 1.5m 以上，这样即使是多人同时进出或者携带大件物品时，也能轻松通过，避免造成拥堵。如果由于空间限制，门厅入口通道无法完全避免与入户后更换衣物的空间重合，那么在这两个功能区域之间，应至少留出一个供人更换衣物的最小距离，一般应不小于 0.7m。

2. 客厅

（1）客厅设计要点。客厅是一般住房的主要组成部分，在整个居室中公共性和参与性最强。所以在设计上首先要确保空间开阔通透，避免过多隔断影响视线。沙发区作为客厅的核心，应置于最佳采光位置，并结合电视墙或焦点区域布置，促进家人间的交流与互动。茶几与边几的选择需要考虑实用性与美观性，便于放置物品且不占用过多空间。其次，可利用墙面空间设置书架、展示架或艺术品，增添文化气息与个性特色。最后，客厅可融入个性化元素，如艺术画作、绿植等，展现主人的品位与格调（见图 2-25）。

图 2-25　客厅

（2）客厅设计尺寸。在不同平面布局的套型中，客厅面积的变化幅度较大。针对一般的两室户、三室户的套型，大致有两种设置方式：当客厅相对独立时，使用面积一般在 15m² 以上；当客厅与餐厅合并时，二者的使用面积控制在 20～25m²，或占套内使用面积的 25%～30%。

3. 厨房

（1）厨房设计要点。厨房空间布局应追求高效与便利，能最大化利用转角空间，确保动线流畅，从冰箱取食、水槽清洗到灶台烹饪，一气呵成。储物区规划于一侧或两侧墙面，利用吊柜与地柜结合，增强收纳能力，减少台面杂乱。中间区域保持开阔，便于多人协作或灵活移动。若空间允许，可增设岛台，作为备餐区或餐桌，同时嵌入水槽或电器，进一步提升功能性。为了方便厨房的日常清洁，在厨房用材上要选择便于清洁且不易损坏的材料，如铝合金、不锈钢、大理石等。

（2）厨房配置类型。厨房常见的配置有 5 种，分别为"一"字形、"二"字形、"L"形、"U"形、中岛形。

① "一"字形厨房，布局简约而高效，所有烹饪工具与储物空间沿墙面一字排开，从清洗区到备餐区再到烹饪区，动线流畅，一目了然。这种设计特别适合空间有限的厨房，能有效利用每一寸空间，减少转身与行走的距离（见图 2-26）。

② "二"字形厨房，空间布局巧妙，由双排直线橱柜组成，一侧为料理区，另一侧则为储藏与洗涤区，形成高效的工作动线。这种配置紧凑而不失宽敞感，便于快速完成切、洗、煮等一系列烹饪流程，能够大幅提升烹饪效率，是现代小户型理想的厨房设计方案（见图 2-27）。

图 2-26　"一"字形厨房

图 2-27　"二"字形厨房

③ "L" 形厨房设计，巧妙利用转角空间，形成高效的工作三角区。一侧延伸的橱柜紧贴墙面，提供充足的储物空间与操作台面；另一侧则自然转折，既保持了厨房的开阔感，又便于烹饪时流畅转身，减少移动距离（见图 2-28）。

图 2-28 "L" 形厨房

④ "U" 形厨房设计，巧妙利用空间，形成三面环绕的工作区域，中间留出宽敞的通道，既保证了烹饪的流畅性，又提升了厨房的整体美感。这种布局能使储物空间和操作台面最大化，让各类厨具、调料和食材都能有序摆放，取用便捷。同时，"U" 形结构还能有效隔绝油烟，保持厨房外空间的清新（见图 2-29）。

图 2-29 "U" 形厨房

⑤ 中岛形厨房以其独特的开放式设计，成为现代家居的亮点。中岛除了具备备餐区、用餐区的功能外，还巧妙融合了储物与展示功能，增加了厨房的互动性与灵活性。周围环

绕的工作台与中央的中岛相辅相成，创造出宽敞明亮的烹饪环境。整体设计现代而时尚，是中大户型客户追求高品质生活的优选厨房方案（见图 2-30）。

图 2-30　中岛型厨房

4. 餐厅

（1）餐厅设计要点。餐厅作为家庭聚餐与享受美食的温馨角落，其空间布局需要兼顾功能性与氛围营造。餐桌作为核心，应选在靠近厨房且光线充足的位置，便于上菜与享受自然光照明。餐桌大小需要根据家庭成员数量与空间大小合理选择。墙面可挂上艺术画作或镜子，不仅可以美化空间，还能在视觉上扩大餐厅面积。在储物设计上，可考虑在餐厅角落设置餐边柜，用于摆放餐具、酒品及常用厨房小电器，既方便取用，又能保持餐桌整洁（见图 2-31）。

图 2-31　餐厅

（2）餐厅设计尺寸。一般情况下，满足 3～4 人就餐，开间净尺寸不宜小于 2.7m，使用面积不小于 10m^2；满足 6～8 人就餐，开间净尺寸不宜小于 3m，使用面积不小于 12m^2。

5. 卫生间

（1）卫生间设计要点。卫生间的空间布局要确保功能完善且使用便捷。首先，合理规划空间，确保洗漱区、如厕区与淋浴区（或浴缸区）三大功能区划分明确，互不干扰。其次，利用垂直空间增加储物功能，如安装镜柜、壁龛或悬挂式储物架，提升整体整洁度。照明设计要充足且柔和，避免刺眼，营造出舒适氛围。布局时需要注意通风与采光，安装窗户或高效排气扇，避免潮湿与异味。同时，选用防滑地砖与防水材料，以保障安全（见图 2-32）。

图 2-32　卫生间

（2）卫生间尺寸设计。卫生间尺寸设计需要兼顾实用性与舒适度。一般来说，小型卫生间的总面积建议为 4～6m^2，以确保基本功能区的布局。淋浴区是重点，至少预留 900mm×1100mm 的空间，保证转身与冲洗的便利性；如厕区则至少需要 800mm×1000mm 的空间，确保使用的舒适度；洗漱区包括洗手盆台面和台下空间，建议总宽度不少于 800mm，深度则根据所选洗手盆尺寸调整，一般不少于 400mm。此外，还应考虑预留至少 900mm 的过道空间，便于在卫生间内自如移动。合理布局干湿分离，可利用玻璃隔断或浴帘来划分区域，提高使用效率与安全性。

6. 卧室

（1）卧室设计要点。卧室整体布局应注重实用性与美观性的平衡，打造一个既令人放松又个性化的私人空间。床作为核心，常靠墙而设，既稳固又节省空间；床头宜朝向自然光，以便迎接清晨的第一缕阳光。两侧摆放床头柜，方便放置小物与夜灯，增添便利性与温馨感。衣柜则依据房间结构巧妙布局，确保衣物收纳有序，同时不阻碍通行与采光。

在照明设计上，采用多层次光源，主灯提供整体照明，壁灯或台灯则为阅读或睡前活动增添柔和光线。在软装方面，精选窗帘与床品，色彩与材质皆显品位。若空间允许，可规划一小片休息区或工作角，配备简约书桌与舒适座椅，满足多样化的生活需求（见图2-33）。

图 2-33　卧室

（2）卧室设计尺寸。在一般常见的两室户型、三室户型中，标准双人卧室的使用面积宜控制在15～20m²。这样既能保证家具摆放的灵活性，又能确保空间不显得拥挤。双人床宽度至少为1500mm，长度为2000mm，周围应留有至少600mm的过道空间，以便于日常通行及床铺整理。衣柜深度约600mm，宽度根据空间大小调整，建议至少能容纳挂衣区和叠放区。床头柜宽度约500mm，用于放置台灯、书籍等物品。

（二）公共建筑空间布局

1. 文教建筑——幼儿园

幼儿园的空间布局应充满童趣与教育意义。整体设计围绕着孩子们的成长需求与安全舒适展开，力求打造一个寓教于乐、温馨和谐的成长环境。

门口处，设置色彩鲜明的欢迎区，以卡通形象或自然元素装饰，激发孩子们的好奇心与探索欲。教室区域采用开放式或半开放式布局，便于教师观察与指导，同时设置多个功能区，如阅读角、游戏区、艺术创作区等，满足幼儿多样化的学习需求（见图2-34）。家具选择低矮、圆角设计，确保安全无虞，并便于幼儿自主参与活动。走廊与休息区则注重营造轻松愉悦的氛围，墙上装饰着幼儿的作品与趣味图案，既展示了孩子们的创造力，又增添了空间的趣味性和互动性。室外空间则充分利用自然元素，设置绿化带、沙水区、滑梯乐园等，让孩子们在亲近自然的同时，锻炼身体，培养团队协作能力；铺设安全围栏与软质地面，全方位保障孩子们的安全。

图 2-34　幼儿园

2. 医疗建筑——疗养院

疗养院的空间布局，是围绕促进康复、提升居住品质而精心设计的。它融合了医疗保障、生活便利与心灵慰藉的多元需求，营造出一种宁静、舒适且充满关怀的环境。

疗养区作为核心，布局上注重私密性与开放性的平衡。单人间与双人间灵活配置，满足不同患者的需求，同时配备先进的医疗设备与紧急呼叫系统，确保安全无忧（见图 2-35）。公共活动区域宽敞明亮，设有康复训练室、户外花园、阅读室及多功能活动室等，鼓励患者参与集体活动，促进身心康复。生活服务区则致力于提供便捷的生活体验，餐厅致力于提供营养均衡的膳食，满足不同健康状况者的饮食需求。超市、洗衣房等设施一应俱全，方便患者与家属日常生活。

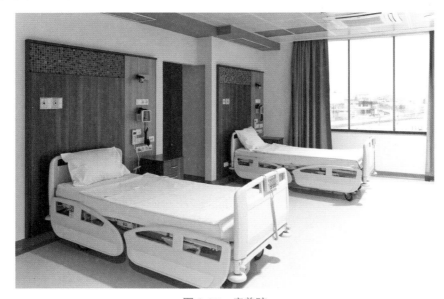

图 2-35　疗养院

3.办公建筑——办公室

办公室空间布局设计，旨在打造一个高效、舒适且激发创意的工作环境。整体布局应注重功能性与美观性的和谐统一，确保每位员工都能在其中找到最佳的工作状态。

办公室空间被划分为几个核心区域：开放式办公区（见图2-36），采用灵活的桌椅布局，促进团队协作与交流；独立办公室则为需要私密空间的高管或特定项目团队提供静谧的工作环境；会议区与休息区穿插其间，既便于即时进行会议讨论，也为员工提供了放松身心的空间。此外，办公室还巧妙融入了绿植与自然光元素，营造出生机勃勃、清新宜人的氛围，有助于缓解工作压力，提升工作效率。储物与文件管理系统也经过精心设计，确保办公区域整洁有序，减少寻找物品的时间浪费。整体布局还需要考虑未来扩展性，预留灵活空间，以适应团队成长或项目变化。

图 2-36 开放式办公区

4.商业建筑——酒店

酒店整体空间布局融合了现代美学与实用性，旨在为宾客打造舒适而高雅的居住体验。

大堂作为酒店的门面应宽敞明亮，以现代简约风格设计，彰显酒店高雅品位，同时便于宾客快速办理入住手续（见图2-37）。大堂两侧设置休息区与商务中心，为宾客提供宁静阅读与高效办公的空间。客房区域分布合理，不同房型满足不同宾客需求，从标准间到套房，均配备高品质家具与设施。各楼层采用静音设计，以保障宾客不受打扰。公共区域则精心规划了多功能厅、健身房、游泳池及休闲吧等设施，满足不同宾客的休闲与商务需求。餐厅与咖啡厅更是酒店的一大亮点，可以提供多样化的美食选择，让宾客在品尝美味的同时，也能享受优雅的就餐环境。

图 2-37　酒店大堂

5. 展览建筑——美术馆

美术馆整体空间布局以艺术展示为核心，巧妙融合了教育、交流与休闲功能，营造出既庄重又富有灵感的艺术殿堂。

入口区简约而不失庄重，引导访客步入艺术的殿堂。展示大厅宽敞明亮，作为展览的核心区域，灵活多变的展墙设计能够容纳不同规模与形式的艺术展览，让作品成为空间的主角（见图 2-38）。周围环绕着不同主题的展厅，每个展厅都经过精心布置，以最佳的光线、色彩与布局凸显展品魅力，引导访客深入感受艺术之美。

图 2-38　展示大厅

此外，美术馆还设有休息区、艺术品商店及公共教育空间，以满足访客休息、交流、购买艺术品及参与艺术活动的需求。公共区域巧妙融入艺术元素，如雕塑、壁画等，使美术馆成为一个全方位的艺术体验场所。整体布局流畅而富有层次，既保证了艺术展览的专业性与完整性，又营造出了浓厚的艺术氛围，让每一位访客都能在此留下深刻而美好的回忆。

6.体育建筑——游泳馆

游泳馆的空间布局设计以功能性、舒适性和安全性为核心原则，整体设计以流线型为主，从入口到更衣室、泳池区及休闲区，各个区域紧密相连又互不干扰，确保了顾客的顺畅体验。

前厅接待区宽敞明亮，方便顾客办理入场手续，并初步了解游泳馆的各项服务。紧接着是更衣室与淋浴区，布局合理，设施完备，方便顾客在游泳前后进行个人清洁。泳池区作为核心，根据不同水深与功能需求划分为多个区域，如浅水区、深水区、儿童戏水区及专业训练区等，满足不同年龄段与技能水平的游泳者的需求（见图2-39）。泳池周围配备有专业的救生设备与救生员，以确保游泳安全。同时，还应注重细节处理，如设置防滑地砖、温馨照明等。

图 2-39　泳池区

此外，游泳馆还应设有休闲区，提供舒适的座椅与饮品服务，让顾客在游泳之余也能享受放松时光。整体空间明亮通透、通风良好，加上适宜的温湿度控制，为顾客营造出一个宜人的游泳环境。

作业

（1）室内空间的设计要素有哪些？

（2）简述开敞空间的特点。

（3）客户希望在卧室中增加一个阅读角，但是空间有限。请提出你的设计方案，并解释设计思路。

本章习题

第三章　室内空间造型设计

PPT 讲解

第一节　墙面设计

视频讲解

当人处于室内空间时，在其视线范围内，墙面和人的视线垂直，处于最明显的位置，同时墙体也是人体容易接触的部位，因此墙面的装饰设计对整个室内设计来说，具有非常重要的意义。

一、墙面设计的原则

（一）整体性

墙面设计应与室内其他元素（如地面、顶棚、家具等）相协调，形成统一的整体风格，以确保空间的和谐美观，避免给人一种杂乱无章的感觉。

（二）物理性

墙面设计需要满足隔声、保暖、防火、防潮、防水等物理性能要求，这些要求根据使用空间的不同而有所差异。例如，宾馆客房对墙面设计的要求更高，需要更好的隔声和保暖性能，以确保顾客的舒适度，而一般单位食堂的墙面设计要求则相对较低。

（三）艺术性

墙面的装饰效果对于美化室内环境、营造特定氛围起着至关重要的作用。墙面的形状、图案、质感等都可以成为表达艺术性的手段。可以通过壁画、挂画、墙饰等方式来丰富墙面的视觉效果；也可以利用不同的色彩搭配和材质组合来创造独特的空间氛围。此外，还可以根据居住者的兴趣爱好和审美偏好来定制个性化的墙面装饰方案。

（四）功能性

墙面设计还应考虑其实用性和功能性。例如，墙面可以作为储物空间、展示空间或工作区域等。可以设计嵌入式书架、展示架或壁挂式工作台等，既节省空间又方便实用。同时，还可以利用墙面来安装灯具、插座等必要的设施、设备。

（五）承重与稳定性

室内墙体设计的承重与稳定性原则至关重要，它关乎建筑结构的稳固与安全。在设计过程中，需要确保墙体结构能够承受自身重量及外部负荷，如风力、地震等。在材料选择上，应优先考虑强度与耐久性兼备的建材，如混凝土、砖石等。同时，墙体布局应合理，遵循力学原理，确保结构稳定，避免因设计不当导致的安全隐患。此外，墙体与地面、顶棚及相邻墙体的连接也应牢固可靠，形成稳定的整体结构体系。

（六）环保性

选择环保、无毒、无害的墙面装饰材料，确保室内空气质量达标，保障居住者的健康。

二、墙面造型设计

（一）涂料墙面

涂料墙面是指利用各类涂料涂敷于基层表面，形成完整且牢固的膜层，以达到保护和装饰效果的墙面（见图3-1）。粉刷墙面的步骤主要包括基层处理、砂补工程、涂料调配、粉刷墙面等。

图 3-1　涂料墙面

1. 主要特点

（1）色彩丰富：涂料墙面可以通过调配不同的颜色和色彩搭配，实现丰富多样的视觉效果。从浅淡的柔和色调到鲜艳的明亮色彩，都能满足不同的空间氛围和设计需求。

（2）施工方便：相比其他墙面装饰材料，涂料墙面的施工相对简单快捷。只需要在基层墙面上涂刷、滚涂或喷涂涂料即可，适合快速装修和翻新项目。

（3）经济实惠：涂料墙面的成本相对较低，且使用寿命较长，适合各种预算范围内的装修项目。

（4）环保健康：现代涂料技术不断发展，越来越多的涂料产品注重环保和健康。选择低 VOC（挥发性有机化合物）的涂料，可以减少对室内空气的污染，保障居住者的健康。

2. 涂料的种类和应用

涂料多种多样，每种都有其独特的优势和适用场景。以下是几种常见的涂料及其特点。

（1）乳胶漆。乳胶漆是目前极为常见的墙面装修材料之一，因其环保、颜色选择丰富、施工简便且价格相对便宜而广受欢迎。乳胶漆具有良好的耐水、耐碱和耐擦洗性，适用于大多数家庭装修风格，特别是现代简约和北欧风格。施工时需注意施工工艺，避免出现开裂、脱落等问题。

（2）硅藻泥。硅藻泥是一种环保型材料，以天然硅藻土为主要原料，具有调节湿度、净化空气等优点，适合追求健康生活方式的家庭。硅藻泥墙面不耐脏且质地较粗糙，维护须小心。

（3）艺术漆。艺术漆是一种集装饰性和艺术性于一体的墙面装修材料。通过特殊工艺和配方制成，能够创造出丰富的质感、纹理和色彩效果。适合追求独特装饰效果的空间。施工难度较高，需要专业人员进行操作。

（4）防水涂料。防水涂料具有良好的防水性能，能够防止水分渗透墙体。常用于厨房、卫生间等潮湿环境。应选择质量可靠的防水涂料，并确保施工质量。

（二）壁纸/壁布墙面

壁纸/壁布墙面是指将壁纸或壁布通过专用的胶水或黏合剂紧密地贴在墙面上的一种装饰面。主要步骤为修复墙面、测量裁剪、涂刷基膜、刷胶贴壁纸或壁布、细节处理等（见图 3-2、图 3-3）。

图 3-2　壁纸墙面

图 3-3　壁布墙面

1. 主要特点

（1）装饰性强：丰富的图案、纹理和色彩，能够满足不同装修风格的需求，为室内空间增添美感。

（2）相对环保：多采用天然纤维等材料制成，因此本身含有的污染成分非常少，是一种非常环保的墙面装饰材料。

（3）耐久性好：具有一定的耐磨耐污性能，能够禁受日常生活中的轻微刮擦和污渍。使用寿命相对较长，一些质量好的壁布可以使用十几年而不褪色。

（4）施工便捷：施工相对简单快捷，通常不需要复杂的工艺和设备，只需按照墙面尺寸裁剪后粘贴即可。

（5）可更换性：壁纸和壁布都是相对容易更换的墙面装饰材料。当装修风格或色彩需求发生变化时，可以方便地撕下旧壁纸或壁布，更换成新的款式。

2. 壁纸/壁布的种类和应用

在选择壁纸和壁布作为墙面装饰材料时，需要考虑多个因素，包括材质、环保性、美观度、耐用性、价格及适用场景等。以下是几种常见壁纸和壁布的材质及其特点。

（1）壁纸。①纸质壁纸：以纸为基材，经印花、压花处理而成。其材质轻薄透气，色彩柔和，图案多样，适用于儿童房、书房或追求温馨家居氛围的客厅。但是，由于纸质壁纸的耐水性和耐擦洗性相对较弱，须注意避免刮擦和用于潮湿环境。②木纤维壁纸：以天然木质纤维为原料，环保性强，透气性好，能自然调节室内湿度，抗拉伸、不易变形，且色泽自然、质感温润，适用于追求自然简约风格的家居装饰，能够增添温馨舒适的氛围。③纺织物壁纸：由优质丝、麻、棉等天然纤维等纺织而成的壁纸。其触感柔软，质感自然，色彩鲜艳且持久，易于打理，耐磨损，是高端家居装修的理想选择。

（2）壁布。壁布的种类繁多，按工艺划分，主要分以下三类。①提花壁布：以精致工艺著称，通过复杂的织造技术直接在布面上织出细腻图案，无须额外印花或涂层。其色彩自然，纹理立体，质感高雅，彰显奢华与品位；耐用性强，透气性佳，适合多种家居装饰风格。②印花壁布：采用先进印花技术，在优质布料基底上印制丰富图案与色彩，图案多样，色彩鲜艳持久。具备一定的耐擦洗性，易于清洁维护。③刺绣壁布：以精致、细腻的刺绣工艺为核心，将传统与现代美学融合于布面之上，绣制出丰富多样的图案与纹理。刺绣壁布不仅美观，而且蕴含着深厚的文化底蕴，是提升家居品位的优选装饰。

（三）瓷砖墙面

瓷砖墙面是将精选的瓷砖通过专业的工艺和黏合剂牢固地贴在墙上的一种墙面（见图 3-4）。瓷砖的安装过程涉及基层处理、涂抹黏合剂、铺贴瓷砖、调整缝隙及后续清洁保养等多个步骤。

图 3-4　瓷砖墙面

1. 主要特点

（1）防水防潮：瓷砖墙面的表面致密度高，具有很好的防水性能，能够防止水分渗透到墙体内部，特别适用于厨房、卫生间等潮湿环境。

（2）装饰性强：瓷砖墙面的颜色、纹理和规格多样，可以满足不同的装饰风格需求。

（3）易于清洁：瓷砖表面光滑，不易吸附灰尘和污渍，日常清洁简单方便，只需用湿布擦拭即可。

（4）耐用性强：瓷砖的使用寿命长，不易老化、变形或褪色。

（5）抗震性能好：瓷砖墙面固定在墙面上后，形成了比较牢固的结构，具有较好的抗震性能。

2. 材料的种类和应用

常见的瓷砖材料包括抛光砖、仿古砖、全抛釉砖、微晶石、玻化砖等。

（1）抛光砖：表面光洁、坚硬耐磨，且能做出各种仿石、仿木效果，适用于对美观和耐用性有较高要求的墙面装修。

（2）仿古砖：具有欧式或古典风格，通过不同色泽和凹凸纹理的搭配，能营造出既充满自然气息又时尚个性的墙面效果，适用于客厅等空间的背景墙。

（3）全抛釉砖：在仿古砖的基础上经过施釉和抛光处理，具有丰富的花纹和较高的光泽度，且相对环保，价格适中，是家庭装修中常见的选择。

（4）微晶石：通过微晶玻璃加压和抛光处理，具有极高的光泽度和耐划性能，适用于营造高档次感的墙面装修。

（5）玻化砖：表面具有玻璃质感，不易产生气孔，防污性能好，且耐磨易清洁，适用于厨房等油烟较大环境的墙面装修。

（四）木质墙面

木质墙面是指使用木材或木质材料作为主要构成元素，通过一定的工艺处理，安装在墙面上的装饰面。它通常由木骨架和板材两部分组成，其中木骨架用于固定和支撑板材。木质墙面具有良好的吸音降噪性能，能够有效减少室内噪声的传播，为居住者提供更加安静舒适的生活环境。同时，木材本身还具有一定的调节室内湿度的功能（见图3-5）。

图 3-5　木质墙面

木质墙面的材料种类丰富多样，包括但不限于实木、人造板（如胶合板、纤维板、刨花板）、装饰面板（如实木贴皮、木纹纸）等。其中，实木墙面以其天然的纹理和质感著称，但价格和维护成本相对较高；而人造板墙面则通过科学的生产工艺，克服了实木的一些缺点，如易变形、易开裂等，同时保留了木材的美观性和实用性。木质墙面广泛应用于家庭、酒店、办公室等多种场所。

木质墙面装饰优雅温馨，但须特别注意防潮、防火与维护。安装时，务必确保墙面干燥，以防木材受潮变形。日常使用应远离火源，定期检查电路安全，避免火灾隐患。同时，定期清洁与保养必不可少，使用柔软的布料轻轻擦拭，避免使用化学清洁剂损伤表面。合理控制湿度，适时通风换气，可保持木质墙面的美观并延长其使用寿命。

（五）玻璃墙面

玻璃墙面是以玻璃为主要材料构建而成的墙面。它以透光性、美观性和灵活性而著称。玻璃墙面不仅能够有效分隔空间，还能在视觉上实现空间的通透与延伸，带来明亮、开阔的视觉效果（见图3-6）。

图 3-6　玻璃墙面

玻璃墙面根据其材质、结构和功能的不同，可以分为多种类型，如透明玻璃、钢化玻璃、磨砂玻璃和彩色玻璃、隔音玻璃及夹层玻璃等。

1. 透明玻璃

透明玻璃作为最常见的类型，以其高透明度和良好的采光性能，广泛应用于办公区、展示厅等需要明亮开阔空间的场所。

2. 钢化玻璃

钢化玻璃是一种经过特殊工艺处理的玻璃，通过在玻璃表面形成压应力层，显著提升其抗冲击、抗弯强度及热稳定性。这种玻璃破碎时呈细小颗粒状，减少了对人体的伤害，属于安全玻璃。因此，它常被用于对安全性要求较高的区域，如学校、医院等。

3. 磨砂玻璃和彩色玻璃

磨砂玻璃和彩色玻璃通过表面处理或添加颜料，实现了透光而不透视的效果，既保持了空间的通透感，又提供了一定的隐私保护，适用于会议室、休息室等私密空间。

4. 隔音玻璃

隔音玻璃是一种专为降低噪声设计的特种玻璃，通过双层或多层结构，以及夹入特殊隔音材料，有效隔绝外界噪声进入室内，常见于图书馆、录音室等需要避免噪声干扰的场所。

5. 夹层玻璃

夹层玻璃是由两片或多片玻璃之间夹一层或多层有机聚合物中间膜制成的，具有高强度、高安全性和良好的隔音、隔热性能，常用于高层建筑、大型商场等对安全性和舒适性要求较高的建筑。

（六）软包墙面

软包墙面的材料多种多样，常见的有皮革、布艺、海绵等。这些材料通过特定的制作工艺，如基层处理、面料粘贴、安装装饰边线等步骤，被精心固定在墙面上（见图 3-7）。其主要特点如下。

（1）色彩柔和：软包墙面的色彩通常较为柔和，有助于营造宁静、和谐的室内氛围。

（2）防撞保护：软包墙面具有一定的防撞保护功能，特别是对于儿童房、走廊等容易发生碰撞的区域，软包墙面能够减少碰撞带来的伤害。

（3）立体感强：通过不同形状和颜色的材料拼接，软包墙面能够呈现出丰富的立体效果，增强空间的层次感。

（4）提升档次：软包墙面因其独特的质感和美观性，往往能够提升整个空间的档次和品位。

图 3-7　软包墙面

（5）功能多样：除了美化空间外，软包墙面还具有吸音、隔音、防潮、防撞等功能，能够提升居住的舒适度和安全性。

（七）清水混凝土墙面

清水混凝土墙面是指混凝土表面不经过额外装饰，直接暴露其原始质感和色泽的墙面。这种墙面在浇筑时即完成了最终的装饰效果，无须后续抹灰、粉刷等工序，因此也被称为装饰混凝土（见图3-8）。

图 3-8　清水混凝土墙面

清水混凝土墙面对材料的要求极为严格。为了确保混凝土外观颜色一致，必须使用同一厂家的水泥、减水剂和粉煤灰，以及同一生产地、同一规格的砂、碎石。在施工过程中，也需要严格控制各个环节，以确保墙面的平整度和光滑度。

清水混凝土墙面的应用范围广泛，不仅适用于现代简约、工业风的建筑墙体设计，还常被用于景观装饰中，如坐凳、树池等。其凭借独特的质感和色彩，能够与周围环境完美融合，为建筑增添一抹别样的风采。

第二节　顶棚设计

由于顶棚与人接触较少，通常情况下只影响视觉感知，因此在造型和选材上相对自由。顶棚的设计要充分考虑造型和尺寸比例的问题，应以人体工程学、美学为依据进行综合考虑。同时，也要考虑室内空间的大小。顶棚造型过大或过小，都容易造成视觉上的不协调，影响整个房间的美观。从高度上来说，顶棚的高度要参考整个房间的高度、房间的面积、形状等因素。例如，在家庭装修中，室内净空高度不应低于2.6m，再低就会造成空间压抑感，引起不适。

一、顶棚设计的原则

（一）轻快感

顶棚作为室内空间的顶部界面，扮演着"天空"的角色，而在人们的心理认知中，自然形成了"天轻地重"的空间感知。因此，在顶棚的设计过程中，必须深刻理解和尊重这一心理需求，通过精心策划的形式、色彩、质地及明暗处理，来营造一种轻盈、高远且和谐的顶部空间氛围，避免给人带来"泰山压顶"般的压抑感。

（二）舒适感

顶棚设计须细致考量人的生理需求，选材时务必兼顾材料的声学、光学与热学特性。避免选用过多硬质材料，造成声场失衡，音质受损；慎用反光材料，预防眩光影响视觉舒适。同时，吊顶高度须精心规划，过高会影响采光效率，过低则阻碍通风流畅。

（三）统一感

在顶棚设计中，材料种类应力求精简，避免过多繁杂的材质堆砌，以免给人带来视觉上的混乱与疲惫感受。装饰手法亦应追求简约而不失精致，避免烦琐复杂的图案和细碎的设计元素。这些往往容易让人眼花缭乱，影响整体空间的和谐与宁静。

二、顶棚的构造

顶棚通常由面层、基层和吊杆三部分组成（见图3-9）。

图3-9 顶棚构造

（一）面层

面层是顶棚最外层的装饰构造。面层的做法可分为现场抹灰（湿作业）和预制安装两种。现场抹灰一般在灰板条、钢板网上抹掺有纸筋、麻刀、石棉或人造纤维的灰浆。抹灰劳动量大，易出现龟裂，甚至成块破损脱落，现已不多见。预制安装所用材料多样，包括石膏板、矿棉板、铝扣板、PVC 板、纤维板、胶合板等，这些材料不仅具有良好的装饰效果，还具备防火、防潮、易清洁等实用功能。另外，还可用晶莹光洁和具有强烈反射性能的玻璃、镜面、抛光金属板作为吊顶面层，以增加室内高度感。

（二）基层

基层位于面层之下，主要用于固定面层材料并提供结构支撑。基层通常由龙骨构成，龙骨可以是木质的，也可以用轻钢龙骨等金属材料。龙骨根据设计需要布置成单向或双向框架，以支撑并固定面板。为了节约木材和提高防火性能，现多用薄钢带或铝合金制成的 U 形或 T 形的轻型吊顶龙骨，面板用螺钉固定，或卡在龙骨的翼缘上，或直接搁放，既简化施工，又便于维修。中、大型顶棚，还设置主龙骨，以减小吊顶龙骨的跨度。

（三）吊杆

吊杆是连接基层与屋顶或楼板层的结构层，将顶棚悬挂在室内空间上方。吊杆可用木条、钢筋或角钢来制作，金属吊杆上最好附有便于安装和固定面层的各种调节件、接插件、挂插件。顶棚也可不用吊杆而通过基层的龙骨直接搁在大梁或圈梁上，成为自承式顶棚。

三、顶棚设计形式

按照外观形式的不同，顶棚一般可分为平面式顶棚、凹凸式顶棚、悬吊式顶棚、井格式顶棚、玻璃顶棚、结构式顶棚。

（一）平面式顶棚

平面式顶棚是指顶面构造平整、无凹凸变化的顶棚形式。它通常采用石膏板、矿棉板、PVC 板、铝扣板等轻质板材作为饰面材料，通过龙骨系统固定于建筑顶面之上，形成一个平整、连续的装饰面层。这种顶棚形式不仅能够凸显室内空间的开阔感，还能有效减少视觉上的杂乱，使整体环境显得更加和谐统一（见图 3-10）。

图 3-10　平面式顶棚

平面式顶棚具有施工简便、成本较低、易于维护等优点。它可以根据不同的建筑结构和装饰需求进行灵活设计与施工，满足各种场合的使用要求，适用于展览厅、休息厅、办公场所、卧室、教室等室内环境。

（二）凹凸式顶棚

凹凸式顶棚是一种富有层次感和立体感的室内装饰形式，它通过在顶面进行凹入或凸出的构造处理，创造出多变的造型效果。凹凸式顶棚的凹凸变化可以通过多种材料和工艺来实现，如石膏板、木线条、铝扣板等材料的切割、拼接和雕刻，以及喷涂、壁纸等表面处理技术。凹凸式顶棚常与吊灯、槽灯有机结合，力求体现出整体感，用材不宜过多、过杂，各凹凸层的秩序性不宜过于复杂，适用于多种场合，如展厅、展馆、电影院、餐厅、舞厅等（见图3-11）。

此外，凹凸式顶棚还具备一些实用功能。例如，它可以有效地隐藏墙面或吊顶上的瑕疵和管线，使整个空间更加整洁、美观。

图 3-11　凹凸式顶棚

（三）悬吊式顶棚

悬吊式顶棚的装饰表面和结构底面之间留有一定的距离。顶棚设计通过将装饰面板、灯具或其他装饰元素悬挂在室内顶部，创造出一种悬浮于空中的视觉效果，为空间增添了层次感和动态美。悬吊式顶棚造型新颖、别致，能使空间气氛轻松、活泼和欢快，具有一定的艺术趣味，是现代设计作品中常用的形式，常用于体育馆、歌剧院、音乐厅等文化艺术类的室内空间中（见图3-12）。

悬吊式顶棚吊件往往不采用对称或均布式的散点格局，而是采用大小各异、自由灵活的样式，以及高低错落的主从关系和多样化的造型方式。这种设计虽然看似随意，但实则深含艺术考量，要求设计者精准把握形式与意味的平衡，以免适得其反，失去美感，破坏整体空间的和谐感，造成视觉上的混乱和不适感。悬吊式顶棚往往不是孤立存在的，它常常与平面式顶棚、凹凸式顶棚、结构式顶棚等其他类型的顶棚设计相结合，共同营造出丰富多彩的室内空间效果。

图 3-12　悬吊式顶棚

（四）井格式顶棚

井格式顶棚是根据结构上主、次梁或井字梁交叉布置的规律，将顶棚划分为格子状的一种装饰形式。这种顶棚设计不仅结合了建筑结构的实际情况，还通过格子状的划分，赋予空间以节奏感和层次感。井格式顶棚常与灯具、石膏花饰图案等相结合，营造出朴实大方、节奏感强的视觉效果，适用于多种场合，如商业空间、办公场所及文化建筑等（见图 3-13）。

图 3-13　井格式顶棚

（五）玻璃顶棚

玻璃顶棚是以玻璃为主要材料的屋顶结构。它不仅能够提供通透的视觉效果，使室内空间显得更加宽敞明亮，还能有效引入自然光，减少照明能耗，提升居住或工作的舒适度（见图3-14）。

图 3-14　玻璃顶棚

在材料选择上，玻璃顶棚通常采用钢化玻璃、夹层玻璃等高强度、高安全性的玻璃品种。这些玻璃不仅具有良好的透光性，还具备优异的抗风压、抗冲击和耐候性能，能够确保顶棚在恶劣天气条件下的稳定性和安全性。

从结构形式上看，玻璃顶棚可以根据具体需求设计成多种样式，如平面式、坡面式、弧形式等。同时，还可以结合其他材料（如铝合金框架、钢结构等），形成更加稳固、美观的屋顶系统。

玻璃顶棚广泛应用于各种建筑场所，如酒店、别墅、商场、体育场馆等，成为现代建筑设计中的重要元素之一。为了满足不同需求，玻璃顶棚还衍生出了多种类型，如可开启的阳台顶棚、智能感应式顶棚等，这些产品通过引入电动控制系统和智能感应技术，实现了更加便捷、智能的使用体验。

（六）结构式顶棚

结构式顶棚通过特定的结构体系来构建顶棚的形态与支撑。这种顶棚设计往往直接暴露或强调其结构元素，如梁、柱、桁架等，展现出一种原始而纯粹的建筑美感（见图3-15）。

在材料选择上，结构式顶棚广泛采用钢材、混凝土、木材等坚固耐用的材料，这些材料不仅具有良好的承重性能，还能通过不同的表面处理工艺，呈现出丰富的视觉效果。钢材的冷峻、混凝土的厚重、木材的温暖，都能为室内空间增添独特的氛围。

图 3-15 结构式顶棚

结构式顶棚具有良好的空间适应性。无论是在高大的公共空间，还是在低矮的居住空间，都能通过巧妙的结构设计，实现顶棚与室内环境的和谐统一。同时，结构式顶棚还可以结合照明、通风等系统，进一步提升室内空间的舒适度和实用性。

第三节 地 面 设 计

地面是室内空间的底界面。一般来说，地面和与它平行的顶棚拥有一样的形状和尺寸。地面设计需兼顾美观与实用，与墙面、顶棚及家具相协调，共同构建出和谐统一的室内环境。

一、地面的构成

地面通常由面层和基层两部分构成。

（一）面层

面层是地面构成的最上层，也是直接与人接触的部分。因此需要满足美观、耐用、防滑、耐磨、易清洁等多种要求。面层的材料多种多样，包括但不限于瓷砖、木地板、地毯、石材、环氧树脂沥青等。这些材料各有优缺点，适用于不同的场合和需求。面层除了作为装饰层外，还具有保护基层、承受荷载、传递荷载等重要作用。

（二）基层

基层是地面的基础层，直接承受面层和垫层的重量以及来自地面的各种荷载。包括找平层、结构层和垫层，有时还包括管道层。找平层用以保证面层平整，厚度取决于结构层的平整度，一般为 20mm，由水泥砂浆构成。如要满足地面找坡、敷设管线或隔声、保温等特殊要求，则在结构层和找平层之间加轻质材料构成的垫层，厚度按要求而定，一般为 50~60mm。

二、地面设计形式

按照不同的制作材料，地面可分为水泥地面、木板地面、瓷砖地面、石材地面、地毯地面等。

（一）水泥地面

水泥地面造价较低，是以水泥为主要材料，辅以砂子、石灰石等辅料，经过混合、铺设、养护等工艺制成的坚固地面。水泥地面具有优秀的抗压强度和耐磨性，能够承受重物的长期碾压而不易损坏，满足各种工业、商业及民用建筑的地面需求。同时，水泥地面易于清洁和维护，能够有效抵抗油污、水渍等侵蚀，并保持地面的整洁和美观（见图 3-16）。

图 3-16　水泥地面

随着建筑材料和技术的更新和进步，水泥地面工艺也在不断创新和发展。例如，彩色水泥地面、自流平水泥地面等新型水泥地面材料的出现，不仅丰富了水泥地面的外观和质感，还提高了其装饰性和功能性。

（二）木板地面

木板地面作为一种经典的地面，以其自然美感、温馨舒适的触感及独特的装饰效果，在家居装修中占据了重要地位，是家庭居室及宾馆客房等私人生活区最佳的装修材料。木板地面通常由实木、实木复合或强化复合等材质制成，每种材质都各有千秋（见图 3-17）。

图 3-17　木板地面

1. 实木地板

实木地板由整块原木加工而成，保留了木材的天然纹理和色泽，环保性能优越，是追求高品质生活人群的首选。但是，实木地板价格相对较高且需要定期保养，适用于卧室、书房等需要营造温馨氛围的空间。

2. 实木复合地板

实木复合地板结合了实木地板的美观与强化地板的耐用性，通过多层实木交错压制而成，既保留了实木的自然美感，又提高了地板的稳定性和耐磨性。它价格适中，易于打理，是现代家庭装修中广泛应用的地面材料。

3. 强化地板

强化地板以耐磨层、装饰层、基材层和平衡层多层复合而成，表面纹理丰富多样，耐磨、耐污、易清洁。虽然其脚感可能略逊于实木地板，但胜在性价比高，适合预算有限或需要经常清洁的空间。

（三）瓷砖地面

瓷砖是一种广泛使用的地面材料，具有坚硬耐磨、防水防潮、易清洁维护等优点，适用于厨房、卫生间等空间。瓷砖的种类包括抛光砖、抛釉砖、釉面砖等。其安装简便，维护成本低，使用寿命长，因此深受消费者喜爱。无论是现代简约风格、北欧风格还是中式古典风格，瓷砖地面都能完美融入，为空间增添一抹亮丽的风采（见图 3-18）。

图 3-18　瓷砖地面

（四）石材地面

石材地面作为高端奢华的地面，以其坚固耐用、自然美观而著称。它采用天然大理石、花岗岩、石灰石等石材切割而成，每一块都蕴含着大自然的鬼斧神工，纹理独特，色彩丰富。石材地面不仅耐磨、耐压、耐腐蚀，还具有良好的防滑性能，即使在潮湿环境下也能确保行走安全。此外，石材地面能够提升空间质感，彰显尊贵与典雅，广泛应用于别墅、酒店大堂、商业空间等高端场所（见图 3-19）。

图 3-19　大理石地面

（五）地毯地面

地毯地面不仅能够有效吸音降噪，为居住者提供一个更加宁静的环境，还具备出色的保温性能，冬暖夏凉，提升居住舒适度。地毯材质多样，从柔软的羊毛、环保的尼龙到耐磨的聚酯纤维，满足不同风格与功能需求。其丰富的图案与色彩选择，能够轻松融入各种家居装饰风格。此外，地毯还易于清洁与维护，采用专业工具和方法，即可保持其美观与卫生，是提升家居品质的理想选择（见图 3-20）。

图 3-20　地毯地面

视频讲解

第四节　建筑空间元素

　　室内设计的建筑空间元素主要包括柱子、楼梯、门、窗等。这些元素共同构成了室内空间的基本框架，它们的存在和设计直接影响着室内空间的形态、功能及视觉感受。

一、柱子

　　柱子一般由柱础、柱身、柱顶三部分组成。作为建筑结构的支撑元素，柱子不仅承载着重量，更在无形中塑造着空间形态。经过精密的计算与独具匠心的构思，柱子不仅能够优化整体布局，提升空间的流畅度与通透度，还能够巧妙地增加空间的层次与深度。同时，柱子本身也具备高度的装饰性，其材质、纹理、雕刻等细节往往成为空间风格的点睛之笔。

（一）柱子的类型

　　柱子可以分为多种类型，每种类型都具有不同的结构或装饰作用，以下是一些常见的按功能分类的柱子类型。

1. 承重柱

　　承重柱是最基本且最重要的柱子类型，主要负责支撑建筑物上部结构的重量，确保建筑物的稳定性和安全性。它们通常位于建筑物的关键位置，如梁柱交接处或楼层之间，是建筑物不可或缺的支撑结构（见图 3-21）。

图 3-21　承重柱

2. 扶壁柱

扶壁柱又称为倚墙柱或墙中柱，通常设置在墙体内部或墙与墙之间的交界处。它们不仅起到支撑作用，还能增强墙体的强度和刚度。扶壁柱在建筑中常用于增强结构的整体刚度和抗震性能（见图 3-22）。

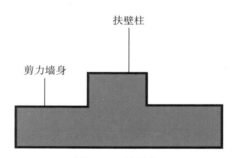

图 3-22　扶壁柱

3. 装饰柱

装饰柱并不是真正的承重结构，而是一种装饰性柱子。装饰柱可以通过雕刻、涂漆等方式进行装饰，使室内空间更加美观、高雅（见图 3-23）。

4. 功能型柱子

除了上述三类基本柱子外，还有一些柱子在设计时融入了特定的功能需求。例如，在商业空间中，柱子可能会被设计成兼具展示架、储物柜或休息座椅等功能的综合体，以满足商业空间的多样化需求（见图 3-24）。

图 3-23　装饰柱

图 3-24　功能型柱子

（二）柱子的创意设计

在室内空间的装饰设计中，我们时常面临一个挑战：如何在保留必要结构柱的同时，克服它们对整体美观造成的潜在影响。这些突兀的柱子往往成为视觉焦点，却不一定能与设计主题和谐相融，从而引发设计上的难题。

实际上，立柱并非难以处理。我们可以采取多种策略通过精心规划与空间尺寸的巧妙利用来弱化其视觉冲击力。例如，巧妙地结合吊柜、高柜或转角柜等设计，不仅能够有效地遮挡柱子的存在，还能将空间利用率最大化，让每一寸空间都发挥最大价值。同时，这也是一种将不利因素转化为优势的创新思路。另外，我们可以通过艺术化的处理手法，如彩绘、纹理贴饰或是创意照明等，让原本可能单调无奇的柱子焕发出新的生命力，成为空间装饰设计中的点睛之笔。

1. 靠墙的柱子

针对靠近墙边的柱子，其存在往往限制了周边空间的有效利用，若置之不理，则无疑是对宝贵空间的极大浪费。可以将柱子与墙面巧妙相连，共同塑造出一段独特的凹进式墙面空间。在这一新形成的空间里，我们可以量身定制一个书柜或置物架，使其与柱体紧密结合，仿佛是从墙面自然生长出来的一部分。

从视觉效果上看，这样的设计使得墙面整体显得更加和谐统一，既保留了空间的开阔感，又增添了层次与深度。书柜或置物架上的书籍、装饰品等物品，还能为空间增添一抹文化气息与生活情趣，让居住者在使用过程中享受到更多的便利与乐趣（见图 3-25）。

图 3-25　置物架

2. 空间中心的柱子

位于空间中心的柱子，虽对整体布局构成挑战，却也是重塑空间秩序与动线的关键。中心的柱子可巧妙转化为空间的中心枢纽，通过精心设计的顶面与地面装饰，将其打造为视觉与功能的双重焦点。柱子不仅作为空间的原点，而且成为连接各区域的桥梁，引导视线由中心向外自然延展，营造出层次分明的空间感（见图 3-26）。

图 3-26 空间中心的柱子

3. 与吧台结合的柱子

针对空间中显得突兀的柱子,我们可以采用一种创新的设计手法:将柱子与台面相连接,巧妙地转化成一个吧台式的设计。吧台的设计不仅提升了空间的利用率,更以其独特的形态与氛围,为整体空间增添了几分时尚与格调。原本可能显得突兀笨拙的柱子,在吧台的映衬下,变得和谐而富有艺术感,成为提升空间品质的点睛之笔(见图 3-27)。

图 3-27 与吧台结合的柱子

二、楼梯

从功能角度来看，楼梯的主要作用是实现楼层间的连接，使得居住者或使用者能够轻松地在不同楼层间移动。同时，楼梯也是紧急疏散的重要通道，在火灾、地震等紧急情况下，楼梯往往是人们逃生的首选路径。在设计楼梯时，需要考虑多个因素，包括楼梯的宽度、坡度、踏步的高度和深度、扶手的高度和材质等，以确保楼梯的安全性、舒适性和易用性。

（一）楼梯的类型

根据梯段形式，楼梯主要分为直梯、弧梯、折梯、旋梯等。

1. 直梯

直梯又称单跑楼梯或直行楼梯，是实际生活中最为常见和直接的一种楼梯形式。它的主要特点是梯段直线延伸，没有转折或平台，直接从一层通向另一层。直梯的设计简洁明了，给人一种直接、快速到达目标楼层的感觉（见图3-28）。

图 3-28　直梯

2. 弧梯

弧梯与直梯相反，以曲线来实现上下楼的连接。其独特的弧形构造不仅打破了传统直梯的生硬感，还赋予空间以灵动与活力。但是，由于弧梯占用空间较大，一般户型受限于面积，难以采纳这种设计，因此其多见于宽敞豪华的别墅之中（见图3-29）。

图 3-29　弧梯

3. 折梯

折梯又称为多跑楼梯或转折楼梯，是一种在垂直方向上通过多个梯段和平台交替设置来连接不同楼层的楼梯形式。折梯的设计巧妙地结合了直线与转折，既满足了楼层间高度差的需求，又在一定程度上缓解了直梯带来的单调感。折梯是一种比较常见的楼梯形式，广泛应用于多层住宅、公共建筑及商业场所（见图 3-30）。

图 3-30　折梯

4. 旋梯

旋梯通过围绕中心点旋转上升的结构，有效减少了楼梯所占用的平面面积，为居住或工作空间创造了更多的灵活性和宽敞感，尤其适合空间有限的场所。旋梯的优雅线条和紧凑结构，不仅展现了设计的精妙，也带来了空间在视觉上的延伸感（见图3-31）。

图 3-31　旋梯

（二）楼梯的选材

常见的楼梯材料包括木质、大理石、玻璃、钢制及钢木结合等。木质楼梯以其天然纹理和温馨感深受喜爱，适合多种家居风格。大理石楼梯则以其高贵典雅的质感，成为高端住宅的首选。玻璃楼梯以其通透感和现代感，为家居空间增添了一抹时尚气息。钢制和钢木结合楼梯则以其坚固耐用和个性十足的特点，受到许多现代家庭的青睐。在选择楼梯材料时，须综合考虑环保性、耐用性、安全性及与家居整体风格的协调性，以确保楼梯既美观又实用。

（三）楼梯扶手

楼梯扶手安装在楼梯梯段与平台的边缘，它不仅提供了必要的支撑与平衡，从而有效防止滑倒和跌落，还增添了家居空间的层次感和美感。常见的楼梯扶手材质有木质、金属（如不锈钢、铁艺）、玻璃等。除了各种各样的材质，设计师们在楼梯扶手的造型上不断寻求创新，使得每一座楼梯的扶手都成为独一无二的艺术品。可以说，一百座楼梯就有着一百种风格各异的扶手设计，其形态万千，充分展现了设计的无限可能性和个性化魅力（见图3-32）。

（a）木质扶手

（b）玻璃扶手

（c）金属扶手

图 3-32　楼梯扶手

三、门

　　门作为建筑中的核心元素之一，不仅是连接不同空间的桥梁，而且是界定私密与公共区域的分界线。门与墙体结合，将室内空间进行有序而富有层次感的划分，既确保了空间的独立性，又为人们提供了通往另一个空间的通道。

　　门的形式多种多样，常见的有平开门、推拉门、折叠门、旋转门、卷帘门、隐藏暗门、有特殊要求的门等（见图 3-33）。

（a）平开门

（b）推拉门

（c）折叠门

（d）旋转门

（e）卷帘门

（f）隐藏暗门

图 3-33　门

四、窗

窗是建筑外墙的开口，承担着室内外或室内各个空间的过渡功能。通过窗的设计，可以巧妙地呈现室外景色，扩大空间感，使室内与室外环境和谐相融。窗的形式多样，从形式上可分为平开窗、推拉窗、固定窗等，每种窗型都有其独特的功能和美感（见图3-34）。

（a）平开窗

（b）推拉窗

（c）固定窗

图3-34　窗

作业

（1）选择一个房间（如卧室、客厅），分析其现有墙体布局，并提出两种不同的墙体改造方案，以改善空间流通性、采光或功能布局。

（2）请设计一间书房，考虑墙面装饰、地面铺设、窗户样式、灯光设计等要素，并说明你的设计理念。

本章习题

第四章 AutoCAD 施工图

PPT 讲解

第一节 AutoCAD 软件基础命令

一、AutoCAD 概述

AutoCAD，全称 Autodesk Computer Aided Design，是由美国 Autodesk（欧特克）公司开发的一款专业的计算机辅助设计软件。AutoCAD 主要用于二维绘图、详细绘制、设计文档和基本三维设计。它提供了丰富的绘图工具、图形编辑工具、尺寸控制、图层管理、文件管理等功能，能够满足不同设计领域的需求，如土木建筑、装饰装潢、工业制图、电子工业、服装加工等。

AutoCAD 具有良好的用户界面，通过交互菜单或命令行方式，即可进行各种操作，使得非计算机专业人员也能快速上手。同时，AutoCAD 具有广泛的适应性，可以在各种操作系统支持的微型计算机和工作站上运行。

二、AutoCAD 的操作界面

AutoCAD 的操作界面是 AutoCAD 显示、编辑图形的区域，主要包括标题栏、菜单栏、工具栏、绘图区、命令行窗口和状态栏等部分（见图 4-1）。

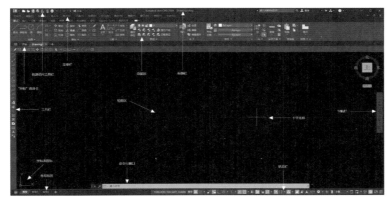

图 4-1　AutoCAD 操作界面

在绘图区单击鼠标右键，在弹出的快捷菜单中，选择"选项"命令（见图4-2），在弹出的"选项"对话框中，将"颜色主题"设置为"浅色"（见图4-3）；单击"颜色"按钮，在弹出的"图形窗口颜色"对话框中将颜色设置为"白"（见图4-4），然后单击"应用并关闭"按钮，继续单击"确定"按钮，可将图形窗口颜色改为白色。同时，单击状态栏的"图形栅格"按钮，关闭栅格（见图4-5）。

图4-2　"选项"命令

图4-3　"选项"对话框

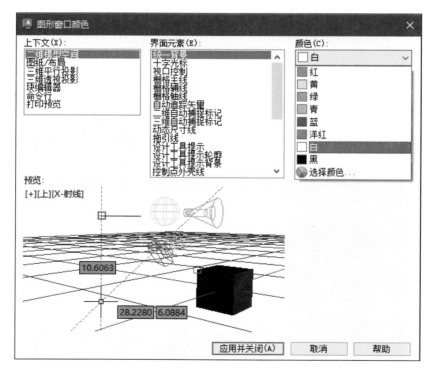

图4-4　"图形窗口颜色"对话框

图 4-5　白色图形窗口

（一）标题栏

AutoCAD 标题栏位于软件操作界面的最上方，通常显示软件名称（Autodesk AutoCAD 2024）、当前打开文件的名称、窗口控制按钮（如最小化、最大化、关闭）等基本信息。它是用户了解当前工作环境和快速控制窗口的重要区域（见图 4-6）。

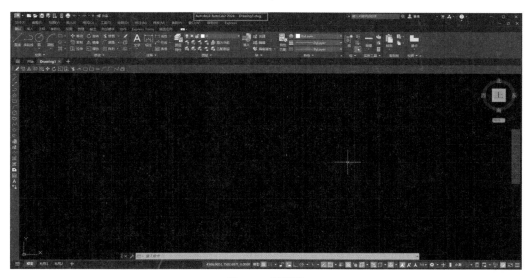

图 4-6　标题栏

（二）菜单栏

从 AutoCAD 自定义快速访问工具栏处调出菜单栏（见图 4-7）。AutoCAD 菜单栏包含文件、编辑、视图、插入、格式、工具、绘图、标注、修改、参数、窗口、帮助等（见

图 4-8）。每个菜单下汇集了相关命令，用户可通过单击菜单项快速访问和执行 AutoCAD 的绘图、编辑和管理功能。

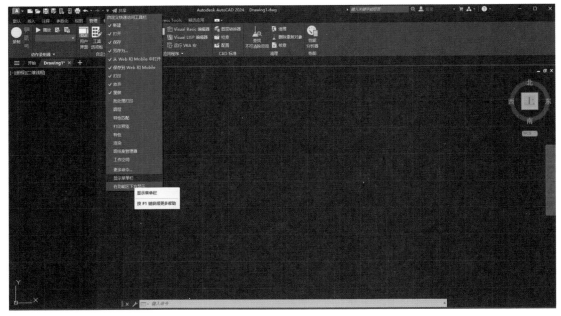

图 4-7　调出菜单栏

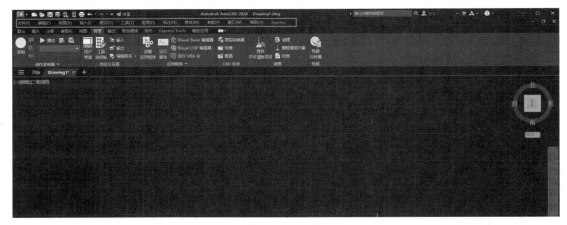

图 4-8　菜单栏

（三）工具栏

在菜单栏中选择"工具"—"工具栏"—"AutoCAD"—"标准"命令，打开工具栏（见图 4-9）。工具栏是 AutoCAD 软件中非常重要的界面元素，它集合了各种常用的命令按钮，方便用户快速执行相应的操作。工具栏中的按钮通常以图标的形式显示，每个图标都代表着相应的命令，如选择、画线、编辑、创建图形、属性设置、渲染、测量和图层管理等（见图 4-10）。

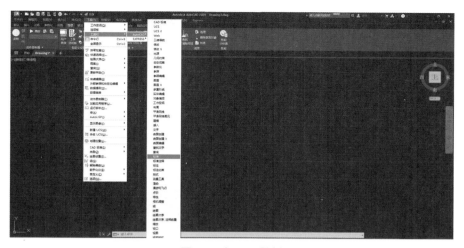

图 4-9　打开工具栏

图 4-10　工具栏

（四）绘图区

AutoCAD 绘图区是软件的核心区域，用于展示和编辑设计图形。它提供了一个无限大的虚拟画布，用户可以在其中绘制二维图形、创建三维模型，并进行各种设计操作。绘图区支持缩放、平移等视图操作，便于用户查看图形的细节（见图 4-11）。

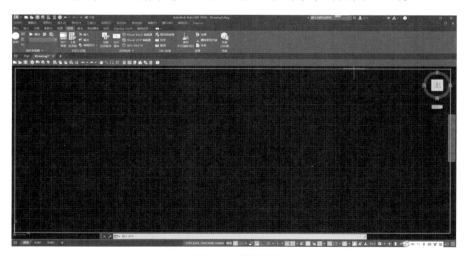

图 4-11　绘图区

（五）命令行窗口

AutoCAD 的命令行窗口是用户与 AutoCAD 进行交互对话的窗口，通常位于绘图区下方（见图 4-12）。用户可以直接输入 AutoCAD 命令、选项和参数，以执行绘图、编辑和查询等操作。命令行窗口会实时显示用户输入的命令和软件的反馈信息，如命令选项、提示信息和错误信息等。

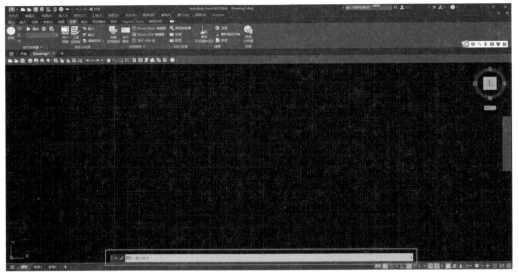

图 4-12　命令行窗口

AutoCAD 命令行窗口的基本操作如下。

（1）改变命令行窗口显示文本的行数：将光标移至命令行窗口的上边框处，当光标变为双箭头形状时，按住鼠标左键并向上或向下拖曳，即可增加或减少显示的文本行数。也可以直接按 F2 功能键放大显示命令行窗口。

（2）改变命令行窗口的位置：将光标移至命令行窗口的左边框处，待光标变为箭头形状后，单击并拖曳窗口至目标位置即可。

（六）状态栏

AutoCAD 的状态栏位于软件界面底部，是显示各种有用信息和快捷操作的区域。将光标放置在状态栏的图标按钮上时，会显示该按钮的提示信息（见图 4-13）。

图 4-13　状态栏

三、AutoCAD 软件基础命令

AutoCAD 软件的基础命令是用户进行绘图和设计工作的基石。以下是一些常用的 AutoCAD 基础命令及其执行方式的详细介绍。

（一）绘制命令及执行方式

1. 绘制直线段

（1）执行方式如下。

① 命令：line。

② 菜单栏："绘图"—"直线"。

③ 工具栏："绘图"—"直线" ▨。

④ 功能区："默认"—"绘图"—"直线" ▨。

（2）操作说明如下。

步骤1：在命令行中输入"line"命令，然后按回车键。

步骤2：在绘制区单击鼠标左键，指定直线段的起点，然后确定直线的下一个端点，也可以通过输入坐标来确定。若需继续绘制，可接着指定下一点；若完成绘制，按回车键或空格键结束命令（见图4-14）。

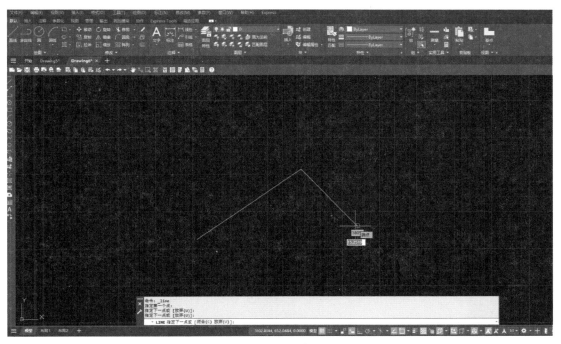

图 4-14　绘制直线段

绘制两条以上的直线段后，选择选项"闭合（C）"，系统会自动连接起始点和最后一个端点，绘制出封闭图形。选择选项"放弃（U）"表示放弃前面的输入。

2. 绘制点

（1）执行方式如下。

① 命令：POINT。

② 菜单栏："绘图" — "点"。

③ 工具栏："绘图" — "点" 。

④ 功能区："默认" — "绘图" — "多点"。

（2）操作说明如下。

步骤 1：可以通过单击"格式"菜单下的"点样式"，在弹出的"点样式"对话框中选择点的样式（见图 4-15、图 4-16）。

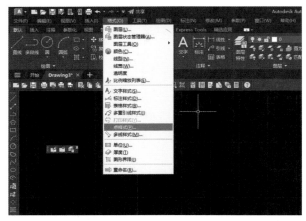

图 4-15 "格式"菜单

图 4-16 "点样式"对话框

步骤 2：在命令行中输入"POINT"命令，然后按回车键。

步骤 3：当命令行提示"指定点："时，直接在绘图区域用鼠标单击，即可在单击的位置绘制一个点（见图 4-17）。

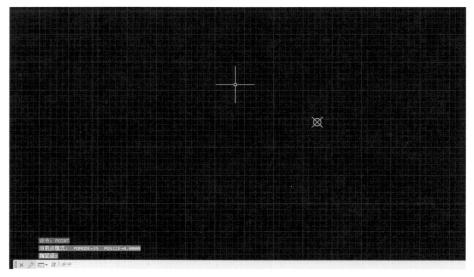

图 4-17 绘制点

3. 绘制圆

（1）执行方式如下。

① 命令：circle。

② 菜单栏："绘图" — "圆"。

③ 工具栏："绘图" — "圆" 。

④ 功能区："默认" — "绘图" — "圆" 。

（2）操作说明如下。

步骤 1：在命令行中输入 "circle" 命令，然后按回车键。

步骤 2：指定圆心与半径 / 直径，或确定圆上三点位置，完成绘制即可（见图 4-18）。

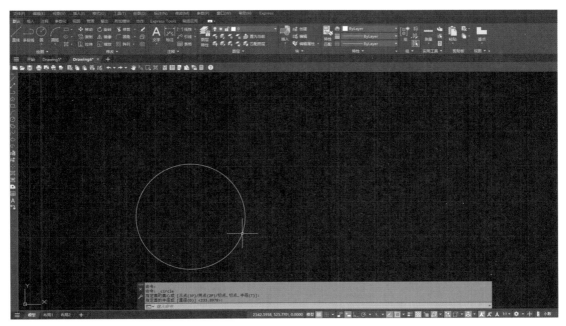

图 4-18　绘制圆

注："三点（3P）"是指通过指定圆周上三点的方法画圆。

　　　"两点（2P）"是指通过指定圆的直径的两个端点的方法画圆。

　　　"切点、切点、半径（T）"是指先指定两个相切对象，然后输入半径来绘制一个圆。

4. 绘制圆弧

（1）执行方式如下。

① 命令：ARC。

② 菜单栏："绘图" — "圆弧"。

③ 工具栏："绘图" — "圆弧" 。

④ 功能区："默认" — "绘图" — "圆弧" 。

（2）操作说明如下。

步骤 1：在命令行中输入 "ARC" 命令，然后按回车键。

步骤 2：依次指定起点、圆心、端点或选择其他绘制方式，按照命令提示输入参数，AutoCAD 将自动绘制出圆弧。

5. 绘制矩形

（1）执行方式如下。

① 命令：RECTANG。

② 菜单栏："绘图"—"矩形"。

③ 工具栏："绘图"—"矩形" 🔲。

④ 功能区："默认"—"绘图"—"矩形" 🔲。

（2）操作说明如下。

步骤 1：在命令行中输入"RECTANG"命令，然后按回车键。

步骤 2：单击鼠标左键指定矩形的第一个角点的位置，然后拖动鼠标确定另一个角点的位置，单击鼠标结束绘制（见图 4-19）。

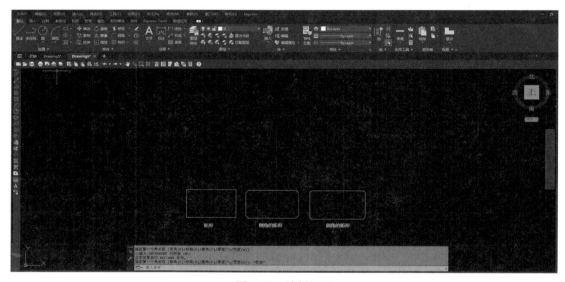

图 4-19　绘制矩形

6. 绘制椭圆

（1）执行方式如下。

① 命令：ELLIPSE。

② 菜单栏："绘图"—"椭圆"。

③ 工具栏："绘图"—"椭圆" 🔘。

④ 功能区："默认"—"绘图"—"椭圆" 🔘。

（2）操作说明如下。

步骤 1：在命令行中输入"ELLIPSE"命令，然后按回车键。

步骤 2：根据提示选择绘制方式，如指定中心点及两轴长度，或指定一条轴的两端点及另一轴长度。

步骤 3：按需要调整椭圆大小、位置等参数，完成绘制（见图 4-20）。

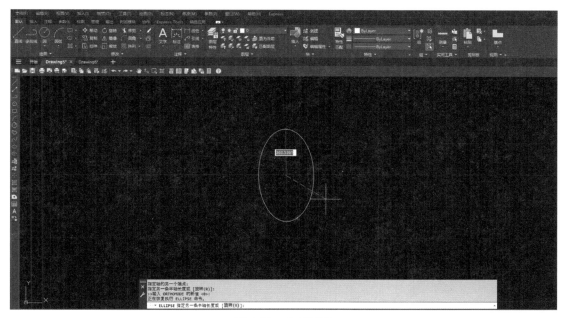

图 4-20　绘制椭圆

（二）编辑命令及执行方式

1. 移动命令

（1）执行方式如下。

① 命令：MOVE。

② 菜单栏："修改" — "移动"。

③ 工具栏："修改" — "移动" ⊕。

④ 功能区："默认" — "修改" — "移动" ⊕。

（2）操作说明如下。

步骤 1：在命令行中输入 "MOVE"，然后按回车键。

步骤 2：使用鼠标左键单击需要移动的对象，或者通过框选的方式选择多个对象后，按回车键确定。

步骤 3：指定基点与目标点，或使用鼠标拖动即可（见图 4-21）。

2. 复制命令

（1）执行方式如下。

① 命令：COPY。

② 菜单栏："修改" — "复制"。

③ 工具栏："修改" — "复制" ▣。

④ 功能区："默认" — "修改" — "复制" ▣。

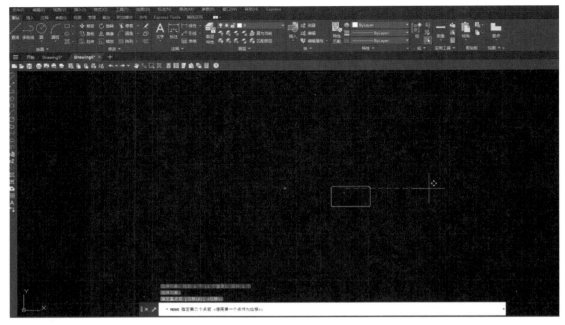

图 4-21　移动命令

（2）操作说明如下。

步骤 1：在命令行中输入"COPY"，然后按回车键。

步骤 2：选中需要复制的图形对象，按回车键。

步骤 3：指定基点与目标点，或使用鼠标拖动确定（见图 4-22）。

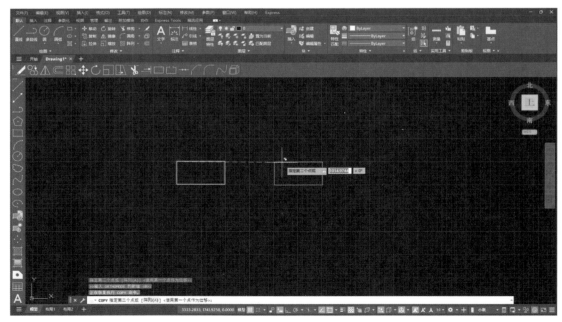

图 4-22　复制命令

3. 删除命令

（1）执行方式如下。

① 命令：ERASE。

② 菜单栏："修改" — "删除"。

③ 工具栏："修改" — "删除" ◢。

④ 功能区："默认" — "修改" — "删除" ◢。

⑤ 快捷菜单：选择要删除的对象，单击右键，在弹出的快捷菜单中选择"删除"命令。

（2）操作说明如下。

步骤 1：在命令行中输入"ERASE"，然后按回车键。

步骤 2：选中需要删除的对象，确认删除即可。

4. 恢复命令

（1）执行方式如下。

① 命令：OOPS。

② 菜单栏："编辑" — "放弃"。

③ 工具栏："放弃" ⬅。

（2）操作说明如下。

在命令行输入"OOPS"，即可恢复上一步删除的对象。

5. 旋转命令

（1）执行方式如下。

① 命令：ROTATE。

② 菜单栏："修改" — "旋转"。

③ 工具栏："修改" — "旋转" ↻。

④ 功能区："默认" — "修改" — "旋转" ↻。

⑤ 快捷菜单：选择要旋转的对象，单击右键，在弹出的快捷菜单中选择"旋转"命令。

（2）操作说明如下。

步骤 1：在命令行中输入"ROTATE"，然后按回车键。

步骤 2：选择要旋转的对象，按回车键确认。

步骤 3：指定旋转基点，输入旋转角度，确认旋转操作（见图 4-23）。

6. 缩放命令

（1）执行方式如下。

① 命令：SCALE。

② 菜单栏："修改" — "缩放"。

③ 工具栏："修改" — "缩放" ⊡。

④ 功能区："默认" — "修改" — "缩放" ⊡。

⑤ 快捷菜单：选择要缩放的对象，单击右键，在弹出的快捷菜单中选择"缩放"命令。

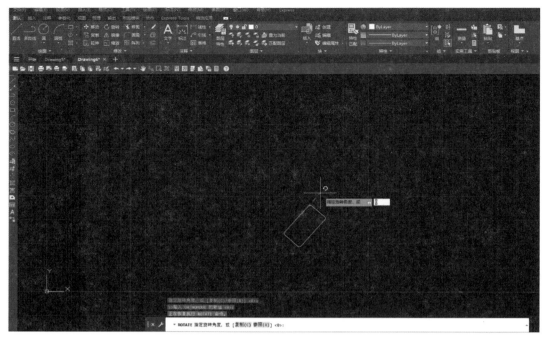

图 4-23　旋转命令

（2）操作说明如下。

步骤 1：在命令行中输入"SCALE"，然后按回车键。

步骤 2：选择要缩放的对象，按回车键确认。

步骤 3：指定基点，输入比例因子或拖动鼠标进行缩放（见图 4-24）。

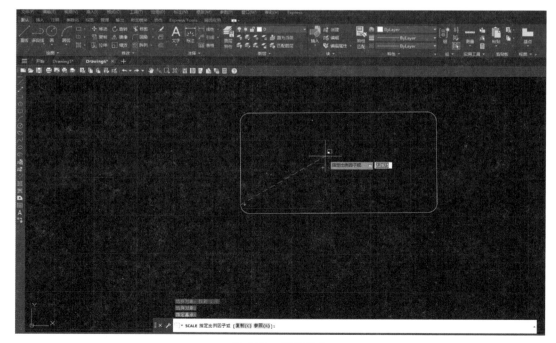

图 4-24　缩放命令

7. 修剪命令

（1）执行方式如下。

① 命令：TRIM。

② 菜单栏："修改"—"修剪"。

③ 工具栏："修改"—"修剪" 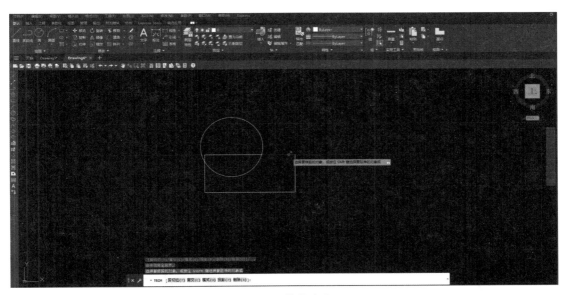。

④ 功能区："默认"—"修改"—"修剪"。

（2）操作说明如下。

步骤 1：在命令行中输入"TRIM"，然后按回车键。

步骤 2：选择要修剪的对象，也可以框选要修剪的区域，按回车键确认，完成修剪操作（见图 4-25）。

图 4-25　修剪命令

8. 延伸命令

（1）执行方式如下。

① 命令：EXTEND。

② 菜单栏："修改"—"延伸"。

③ 工具栏："修改"—"延伸" 。

（2）操作说明如下。

在 AutoCAD 软件中，延伸命令用于将一个对象延伸到另一个对象的边界上。

步骤 1：在命令行中输入"EXTEND"，然后按回车键。

步骤 2：选择要延伸的对象，按回车键确认（见图 4-26）。

在选择对象时，如果按住 Shift 键，系统会自动将"延伸"命令转换成"修剪"命令。同样，在"修剪"命令下，选择对象后，按住 Shift 键，系统会自动将"修剪"命令转换成"延伸"命令。

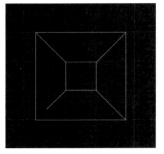
（a）延伸前

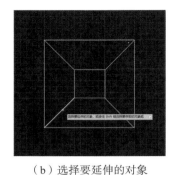
（b）选择要延伸的对象

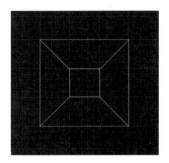
（c）延伸后

图 4-26　延伸命令

9. 偏移命令

（1）执行方式如下。

① 命令：OFFSET。

② 菜单栏："修改"—"偏移"。

③ 工具栏："修改"—"偏移" ⊆。

④ 功能区："默认"—"修改"—"偏移" ⊆。

（2）操作说明如下。

步骤1：在命令行中输入"OFFSET"，然后按回车键。

步骤2：输入一个距离值，如20，按回车键，系统会自动将该数值作为偏移距离。

步骤3：选择要偏移的对象，拖动鼠标完成偏移（见图4-27）。

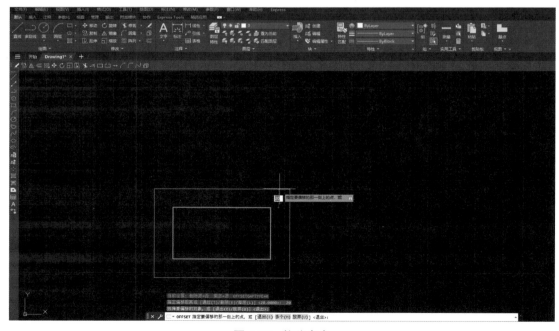

图 4-27　偏移命令

第二节 AutoCAD 制图识图

一、制图的基本要求

（一）图纸的完整性

（1）图纸必须配备图纸封皮、图纸说明和图纸目录。

（2）图纸封皮须注明工程名称、图纸类别（施工图、竣工图、方案图）、制图日期等信息。

（3）图纸说明应详细阐述工程概况、工程名称、建设单位、施工单位、设计单位等关键信息。

（二）图纸内容的规范性

（1）每张图纸必须编制图名、图号、比例和时间。

（2）图纸中的文字、符号、线条等应清晰、准确，符合制图标准。

（3）图纸应按比例出图，确保图纸与实际尺寸的一致性。

二、制图的规范

（一）图纸幅面、标题栏与会签栏

1. 图纸幅面

图纸幅面是指绘制图样的图纸的大小。室内设计常用的图幅共 5 种，分别是 A0（841mm×1189mm）、A1（594mm×841mm）、A2（420mm×594mm）、A3（297mm×420mm）和 A4（210mm×297mm）。

2. 标题栏

图纸的标题栏是一个信息汇总区，包含了关于图纸的关键信息，如工程名称、图纸名称、签字区及图号区等。

3. 会签栏

会签栏是用于记录相关人员审核、批准意见的区域，通常位于标题栏附近。它包含了一系列预留的签名和日期空格，供设计、校对、审核、批准等不同职责的人员签字确认。

（二）绘图比例

室内设计图纸的绘图比例是确保图纸准确反映实际设计尺寸的重要参数，常用的绘图比例有 1∶50、1∶100 和 1∶200 等。比例应用阿拉伯数字表示，一般注写在图名的右侧。

（1）1∶50 比例：适用于需要展示较多细节的设计图纸，如家具布置图、材料细节图等。

（2）1∶100 比例：是常用的比例之一，适用于大多数室内设计图纸，如平面图、立面图等。它能够在保证图纸清晰度的同时，节省图纸空间。

（3）1∶200 比例：适用于展示整体布局和空间设计的大致情况，如总平面图等。

（三）线型

CAD 图纸中的线型多种多样，包括实线、虚线、点画线等，每种线型都有其特定的用途（见表 4-1）。

表 4-1　常用线型

名　称	线　型	线宽	用　　途
粗实线	——————	b	剖面图中被剖到部分的轮廓线、建筑物或构筑物的外形轮廓线等
中实线	——————	$0.5b$	家具、陈设、固定设备的轮廓线，以及装修构造的轮廓和陈设的外轮廓线等
细实线	——————	$0.25b$	尺寸中的尺寸线、尺寸界线、各种图例线、各种符号图线等
中虚线	- - - - - -	$0.5b$	不可见的轮廓线、拟扩建的建筑物轮廓线等
细虚线	- - - - - -	$0.25b$	图例线、小于 $0.5b$ 的不可见轮廓线
细单点长画线	- · - · - · -	$0.25b$	中心线、对称线、定位轴线
折断线	—/\/\—	$0.25b$	不需要画全的断开界线
波浪线	∿∿∿	$0.25b$	不需要画全的断开界线构造层次的断开线

（四）文字

（1）图纸文字应清晰、准确、简洁，遵循专业规范，确保易读性。

（2）设计图纸中的文字一般推荐采用仿宋体或宋体，标题可使用楷体、黑体等。

（3）字体大小应根据文字的重要性和可读性进行选择。通常情况下，标题、图名等概括性的说明内容可以采用较大的字号，而细致的说明内容如尺寸标注、材料说明等则可以采用较小的字号。

（五）尺寸标注

（1）尺寸标注必须准确无误、清晰可读，避免模糊、重叠或难以理解的标注。所有必要的尺寸都应标注出来，不应遗漏关键尺寸。

（2）在标注时，尺寸线应尽量标注在图样轮廓线以外，遵循从内到外、由小到大的顺序原则，严禁将大尺寸标注在内侧，而小尺寸标注在外侧（见图 4-28）。

图 4-28　尺寸标注

（3）最内一道尺寸线与图样轮廓线之间的距离应保持在 10mm 以上，两道相邻的尺寸线之间的距离应控制在 7～10mm。

（4）标注的位置和布局应合理，尺寸线通常与被标注的对象平行，尺寸数字应标注在尺寸线的上方中部或中断处，避免在复杂的区域标注过多尺寸导致混乱。

第三节　AutoCAD 图纸绘制

下面利用 AutoCAD 2024 软件介绍室内设计图纸绘制的方法与技巧（见图 4-29）。住宅居室应按套型设计，设有卧室、客厅、厨房和卫生间等基本空间。

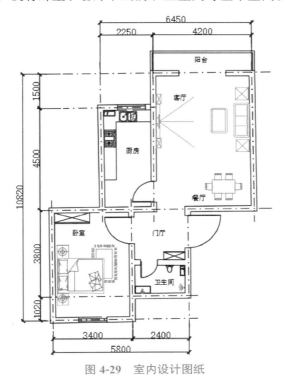

图 4-29　室内设计图纸

步骤 1：启动 AutoCAD 2024 软件，选择"文件"菜单中的"新建"选项，新建一张图纸（见图 4-30）。

图 4-30　新建图纸

步骤 2：单击"工具栏"中的"直线"按钮，绘制直线（见图 4-31）。

步骤 3：选中所绘直线，然后在"特性"工具栏的"线型"下拉列表中选择点画线，将直线改为点画线（见图 4-32、图 4-33）。如果在"线型"下拉列表中没有点画线，则选择"其他"命令，在弹出的"线型管理器"对话框中选择"加载"，并选中要使用的点画线，单击确定。

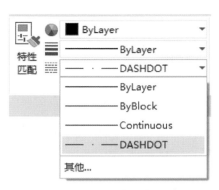

图 4-31　绘制直线　　　　　　图 4-32　"线型"下拉列表　　　　　　图 4-33　点画线

步骤 4：选中所绘直线，选择"特性"选项，打开"特性"选项面板，将线型比例调整为"30"（见图 4-34）。

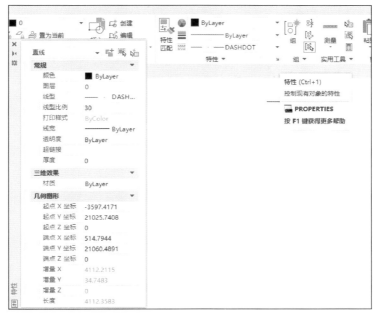

图 4-34 "特性"选项面板

步骤 5：绘制一条水平方向的轴线（见图 4-35）。

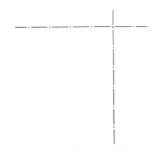

图 4-35 绘制水平轴线

步骤 6：单击"默认"选项卡"修改"面板中的"偏移"按钮，偏移距离设为"4200"，选中要偏移的轴线，生成相对位置的轴线（见图 4-36）。

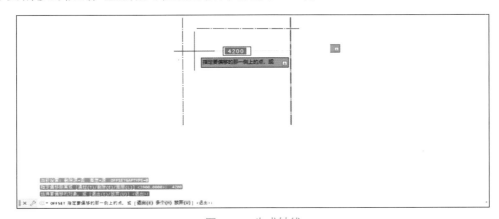

图 4-36 生成轴线

步骤7：按照步骤6的操作方法，根据每个房间的长度和宽度，通过"偏移"命令依次生成相应位置的轴线。

步骤8：通过"拉伸"命令，调整轴线长度，完成布局绘制（见图4-37、图4-38）。

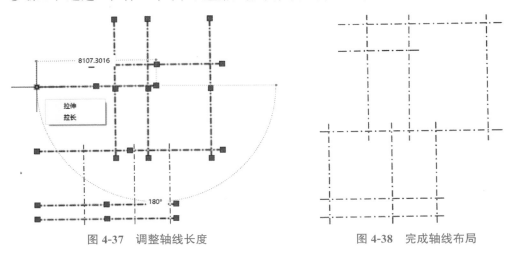

图4-37　调整轴线长度　　　　　　　　　图4-38　完成轴线布局

步骤9：绘制墙体，选择菜单栏"绘图"中的"多线"命令，将"对正"方式设置成"无"，"比例"设置成"240"（见图4-39、图4-40）。

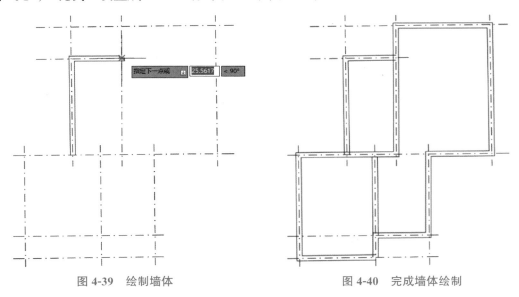

图4-39　绘制墙体　　　　　　　　　　　图4-40　完成墙体绘制

步骤10：选择菜单栏"修改"中的"对象"，然后选择"多线"命令，在弹出的"多线编辑工具"对话框中选择"T形打开"，编辑墙线（见图4-41、图4-42）。

步骤11：按照步骤9和步骤10的方法，将"比例"设置成"120"，绘制内墙（见图4-43）。

步骤12：绘制门洞造型，单击"直线"按钮▨，在右上方的水平直线上绘制一条与墙体垂直的竖线（见图4-44）。单击"修改"面板中的"偏移"按钮▧，偏移距离设为"1000"，选择绘制好的竖线，分别向左右两侧偏移，绘制门洞线（见图4-45）。

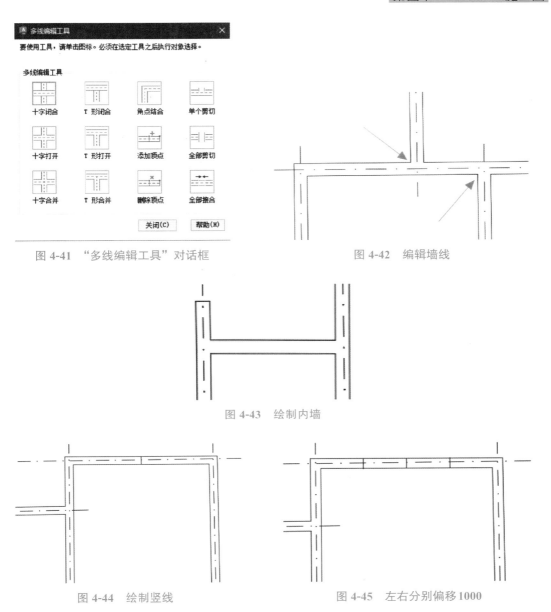

图 4-41 "多线编辑工具"对话框

图 4-42 编辑墙线

图 4-43 绘制内墙

图 4-44 绘制竖线

图 4-45 左右分别偏移 1000

步骤 13：单击"删除"按钮 ，删除中间的竖线，单击"修剪"按钮 ，对线条进行修剪，得到门洞造型（见图 4-46）。

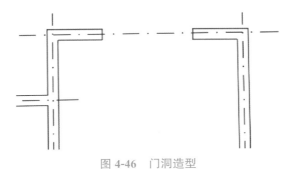

图 4-46 门洞造型

步骤 14 ：绘制窗户造型，单击"直线"按钮▨，在左上方的水平直线上绘制一条与墙体垂直的竖线。单击"修改"面板中的"偏移"按钮▨，偏移距离设为"600"，选择绘制好的竖线，分别向左右两侧生成偏移直线。

步骤 15 ：单击"删除"按钮▨，删除中间的竖线，单击"直线"按钮▨，在剩余两条竖线的内部，绘制两条水平直线，得到窗户造型（见图 4-47）。

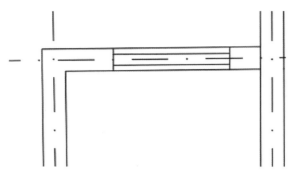

图 4-47　窗户造型

步骤 16 ：按照上述方法，绘制所有门洞和窗户造型。

步骤 17 ：绘制门扇，单击"矩形"按钮▨，输入（–900，30），单击"圆弧"按钮▨，绘制弧线，构成完整的门扇造型（见图 4-48）。

步骤 18 ：按照步骤 17 的方法，完成所有门扇的绘制（见图 4-49）。

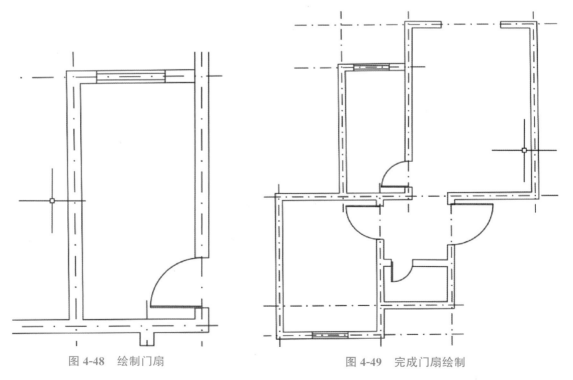

图 4-48　绘制门扇　　　　　　　　图 4-49　完成门扇绘制

步骤 19 ：绘制阳台造型，单击"多段线"按钮▨，绘制阳台轮廓，单击"偏移"按钮▨，向内偏移 80（见图 4-50）。

图 4-50　绘制阳台造型

步骤 20：进行图形标注，单击"注释"选项卡中的"标注样式"，打开"标注样式管理器"对话框，单击"修改"按钮，打开"修改标注样式"对话框，分别将各选项做如下设置，单击"确定"按钮，关闭对话框（见图 4-51、图 4-52）。

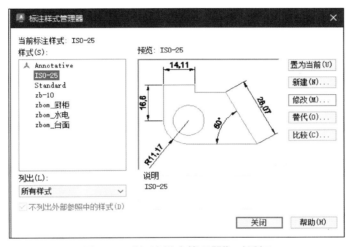

图 4-51　"标注样式管理器"对话框

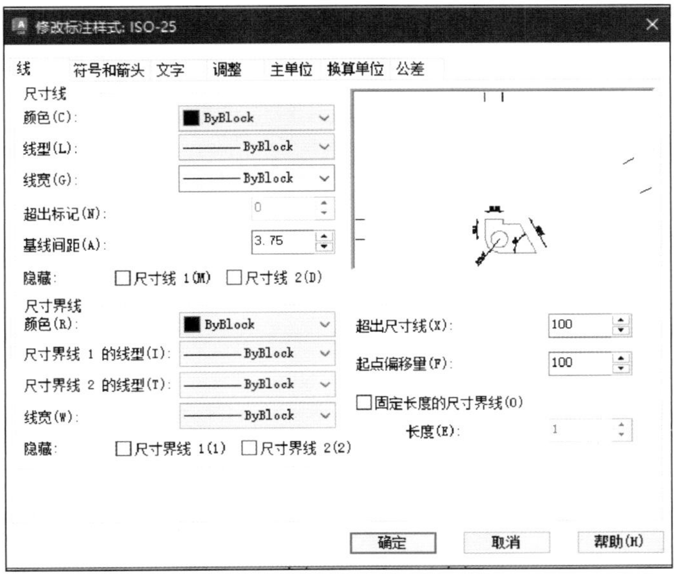

（a）线

图 4-52　"修改标注样式"对话框

（b）符号和箭头

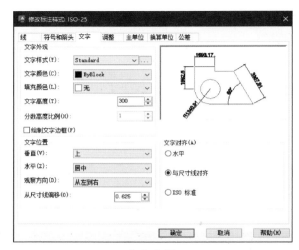

（c）文字

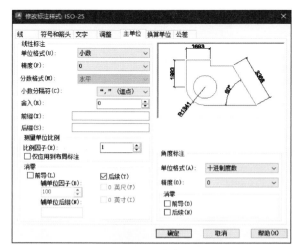

（d）主单位

图　4-52（续）

步骤 21 ：单击"线性"按钮，标注图形尺寸，单击"连续标注"按钮，将图形尺寸进行连续标注（见图 4-53 ）。

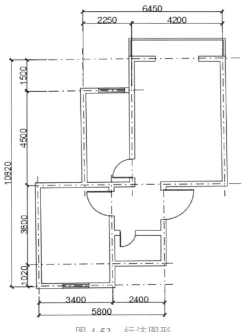

图 4-53　标注图形

步骤 22 ：绘制排烟管道造型，单击"矩形"按钮，绘制矩形；单击"偏移"按钮，将矩形向内偏移；单击"直线"按钮，绘制两条直线（见图 4-54 ）。

步骤 23 ：单击"直线"按钮，绘制管道中的折线（见图 4-55 ）。

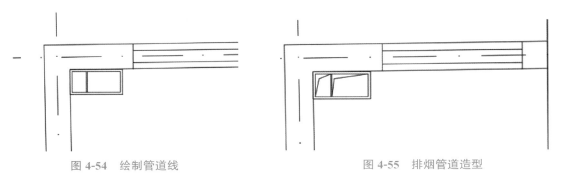

图 4-54　绘制管道线

图 4-55　排烟管道造型

步骤 24 ：按照同样的方法，绘制卫生间的通风管道造型。

步骤 25 ：继续使用"矩形"命令和"直线"命令，绘制鞋柜、衣柜、橱柜造型（见图 4-56 ）。

步骤 26 ：布置室内，使用"插入"命令，分别完成卧室、客厅、餐厅、卫生间、厨房的布置（见图 4-57 ）。

步骤 27 ：单击"文字"按钮，添加文字，完成绘制（见图 4-58 ）。

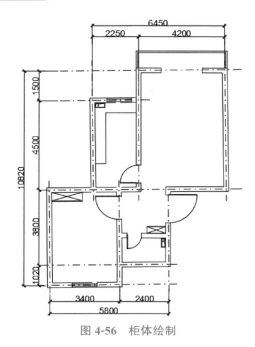

图 4-56　柜体绘制

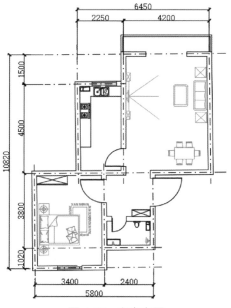

图 4-57　室内布置

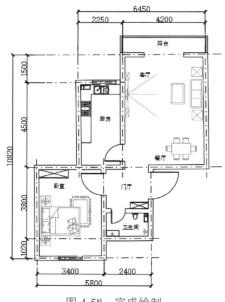

图 4-58　完成绘制

作业

（1）熟悉 AutoCAD 的界面和基本操作。

（2）掌握常用的绘图命令和编辑命令。

（3）根据自家房屋结构，使用 AutoCAD 绘制一张详尽的室内平面图施工图纸。在图纸中精确标注各房间、门、窗的位置及尺寸等关键信息，要求布局合理，细节清晰。

本章习题

第五章　3ds Max 高级渲染

PPT 讲解

第一节　3ds Max 软件基础命令

视频讲解

一、3ds Max 概述

随着科技的迅猛发展和社会的不断进步，三维软件也在不断升级。3ds Max 就是当今世界上非常受欢迎的三维设计制图软件之一，它不仅可以用来制作效果图，还可以用来制作动画、影视特效等，其卓越的性能和合理的操作界面得到了众多用户的认可。

3ds Max 具有强大的三维建模功能和逼真的三维场景渲染技术，能够进行三维模型制作、三维场景特效渲染等。所以，3ds Max 被广泛应用于广告、建筑工程、室内装潢、风景园林、游戏、影视等领域。

本节以 3ds Max 2022 为操作平台，深入浅出地讲解该软件在室内设计中的基本操作，进而帮助读者掌握该软件的使用方法及操作技巧，以制作出高品质的效果图作品。

二、3ds Max 的工作界面

想利用 3ds Max 软件为室内设计服务，就要先熟悉该软件的操作界面和布局，为以后熟练操作打下基础。

用户可以通过双击计算机桌面上的 ③ 图标来启动 3ds Max 2022（见图 5-1）。启动 3ds Max 2022 软件后会弹出欢迎界面（见图 5-2），在这里可以学习软件的基本操作，获得一些免费资源，还可以通过帮助文档了解软件的各种功能及作用。

3ds Max 2022 的操作界面设计得非常清晰，大致可分为 6 个工作区（见图 5-3）。

（一）菜单栏

菜单栏包含了 3ds Max 的所有命令，包括"文件""编辑""工具""组""视图""创建""修改器""动画""图形编辑器""渲染""自定义""脚本""内容""Substance""Civil View""Arnold""帮助"等（见图 5-4）。

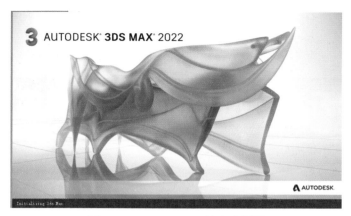

图 5-1　3ds Max 2022 的启动界面

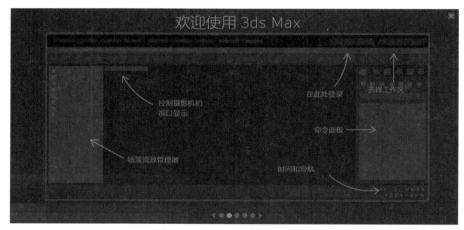

图 5-2　3ds Max 2022 的欢迎界面

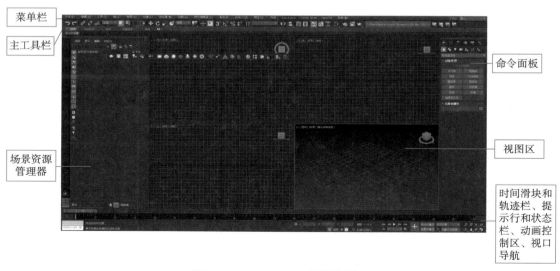

图 5-3　3ds Max 2022 的操作界面

图 5-4 菜单栏

（二）主工具栏

主工具栏在菜单栏下面，由一系列的图标按钮组成（见图 5-5），集结了菜单栏中最常用的工具和设置窗口。这些工具的作用如表 5-1 所示。

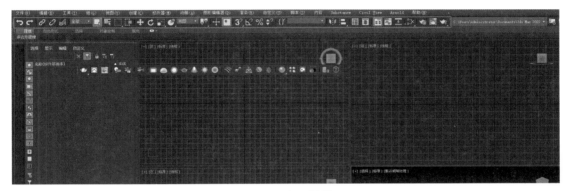

图 5-5 主工具栏

表 5-1 工具栏主要按钮的作用

按钮	作 用
↩	撤销按钮，单击该按钮可以撤销刚才的操作，回到上一步
↪	重复按钮，单击该按钮可以重复刚才的操作
▣	选择对象按钮，单击该按钮可以选择对象或子对象用于操作
▤	按名称选择按钮，单击该按钮可以打开用于从场景内容列表中选择对象的对话框
▦	矩形选择区域按钮，单击该按钮并在视图中按住鼠标左键进行拖动，即可绘制出矩形选择框，用来选中对象
▢	窗口/交叉按钮，在按区域选择时，单击该按钮可以在窗口和交叉模式之间进行切换。在"窗口"模式中，只能对选定内容内的对象进行选择；在"交叉"模式中，可以选择区域内的所有对象，以及与区域边界相交的任何对象
✛	选择并移动按钮，单击该按钮可以选择物体，并将其拖动到任意位置

按钮	作　　用
↻	选择并旋转按钮，单击该按钮可以选择物体，并旋转该物体
3²	捕捉开关按钮，单击该按钮可以切换 2D、2.5D、3D 捕捉
▮▮	镜像按钮，选中对象后，单击该按钮可以同时移动和克隆选定内容
▦	显示功能区按钮，单击该按钮可以切换显示功能区，其中包含用于建模、对象绘制及向场景添加人物的工具
✱	材质编辑器按钮，单击该按钮可以创建和修改材质，并将其应用到场景元素
☁	渲染设置按钮，单击该按钮可以设置参数（如输出大小、格式和文件）以及特定于渲染器的设置

（三）视图区

中央最大的田字区是视图区。通过系统提供的视图可以快速了解一个模型各个部分的结构，以及执行修改命令后的效果。在默认状态下，工作视图由顶视图、前视图、左视图和透视图组成（见图 5-6）。在其中一个视图中创建物体后，该物体也在其他视图中显示状态。

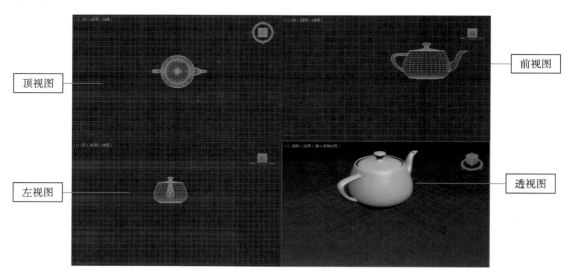

图 5-6　工作视图

在视图区中可以根据需要切换视图：单击视图窗口左上角的视图名称，在弹出的二级菜单中选择需要切换的视图即可。

（四）命令面板

命令面板在工作界面的右侧，其结构比较复杂，内容也很丰富，包括基本的建模工具、物体编辑工具及动画制作等工具，是 3ds Max 软件中的核心工具之一（见图 5-7）。

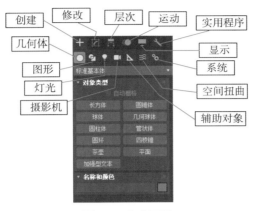

图 5-7　命令面板

（五）场景资源管理器

场景资源管理器在工作界面的左侧（见图 5-8），是一个浮动窗口，也可以将其隐藏起来。视图区里的所有物体，都会在这里被列出来。

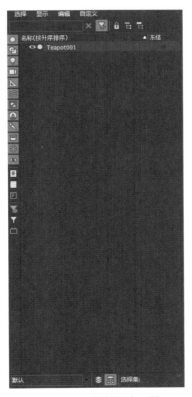

图 5-8　场景资源管理器

（六）时间滑块和轨迹栏、提示行和状态栏、动画控制区、视口导航

这四个工作区位于工作界面的底部（见图5-9）。

图 5-9　时间滑块和轨迹栏、提示行和状态栏、动画控制区、视口导航

（1）时间滑块和轨迹栏：可用鼠标拖动来显示不同时间段场景中物体对象的动画状态。按住时间滑块，可以在轨迹栏上迅速拖动，以查看动画的设置，可以很方便地对轨迹栏内的动画关键帧进行复制、移动及删除操作。

（2）提示行和状态栏：显示当前有关场景和活动命令的提示和操作状态。

（3）动画控制区：包含可以在视口中进行动画播放的时间控件。使用这些控件可以随时调整场景文件中的时间来播放并观察动画。

（4）视口导航：用户可以使用这些按钮在活动视口中导航场景。

三、3ds Max 的基本操作

视频讲解

（一）创建项目文件夹

做一个项目，需要创建新的项目文件夹，具体方法是在"文件"菜单栏中选择"项目"—"创建空项目"（见图5-10）；选择项目文件夹需要存放的位置，单击右下角的选择文件夹确定即可。

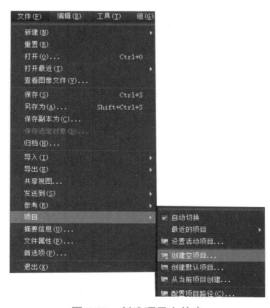

图 5-10　创建项目文件夹

（二）初始化设置

1. 单位设置

在"自定义"菜单下选择"单位设置"，打开"单位设置"对话框，在"显示单位比例"选项组中选择"公制"，并设置单位为"毫米"（见图 5-11）。

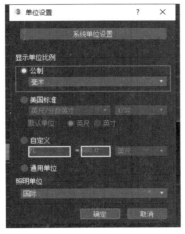

图 5-11　"单位设置"对话框

2. 常规首选设置

在"自定义"菜单下选择"首选项"选项，在"首选项设置"对话框中（见图 5-12）将"场景撤消"选项组中的"级别"改为"100"或更高一些的数值；切换到"文件"选项卡，找到"自动备份"设置，把"Autobak 文件数"改为"5"，"备份间隔（分钟）"改为"1.0"（见图 5-13）。

图 5-12　"首选项设置"对话框

图 5-13　自动备份设置

3. 自定义快捷键设置

在"自定义"菜单下选择"自定义用户界面"选项，打开"自定义用户界面"对话框（见图 5-14），可以对鼠标、工具栏、四元菜单、菜单、颜色等根据自己的需要和使用要求进行设置。

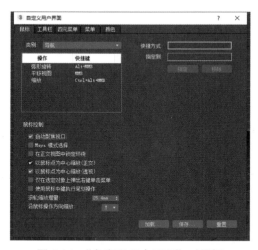

图 5-14　"自定义用户界面"对话框

（三）文件的打开和保存

1. 新建场景

打开 3ds Max 软件，系统会自动创建一个虚拟空间。如果想重新创建一个三维空间，可以选择"文件"菜单下的"新建"—"新建全部"命令来创建（见图 5-15）。

图 5-15　新建场景

2. 打开场景

（1）打开近期使用过的文件，选择"文件"菜单下的"打开最近选项"即可。

（2）可以直接双击想要打开的工程文件，也可以将想打开的工程文件拖曳到已打开的 3ds Max 软件的视口中，点击"打开文件"即可。

（3）选择"文件"菜单下的"打开"选项，在打开的对话框中找到想要打开的文件后单击"打开"即可。

3. 保存场景

选择"文件"菜单下的"保存"选项，即可将文件保存到计算机中。

（四）创建基本体模型

1. 创建模型

在"标准基本体"模块中激活"茶壶"（见图 5-16），在透视图中按下鼠标左键不放，往一个方向拉到合适的大小，即创建出一个模型（见图 5-17）。可以用此方法继续创建多个模型，然后单击鼠标右键结束创建。

2. 选择材质

在主工具栏中单击"材质编辑器"按钮，或用快捷键 M 打开"材质编辑器"（见图 5-18），最上方的是"菜单栏"，有模式、材质、编辑、选择等功能。"菜单栏"下面是"工具栏"，可以提取场景材质、为模型赋予材质，以及显示贴图。左边是"材质/贴图浏览器"，各类材质和贴图节点都能在这里找到，将要用的材质、贴图拖到视图区即可使用；中央是"视图区"，是材质的聚集地，在这里将材质和贴图节点相互组合；右边是"材质参数编辑器",作用是调节设置参数以达到想要的效果。最下面的是"视图导航栏",用于控制编辑区的视口显示。

图 5-16 激活"茶壶"

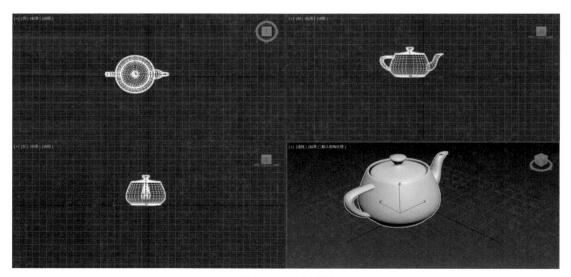

图 5-17 创建模型

菜单栏

工具栏

材质/贴图
浏览器

材质参数编辑器

视图区

视图导航栏

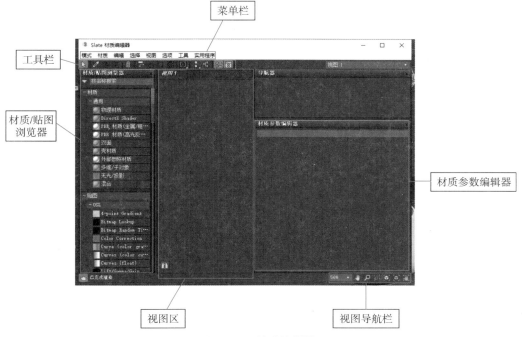

图 5-18　材质编辑器

从"材质/贴图编辑器"中选择所需材质拖入视图区，就创建好材质了（见图 5-19），然后从节点右侧的输出通道中拖出指定线，将其指定给模型，即为模型指定了材质。

输出通道

图 5-19　选择材质

单击视图区中的材质编辑器，会出现参数设置区，根据自己的需要调整参数即可（见图 5-20）。

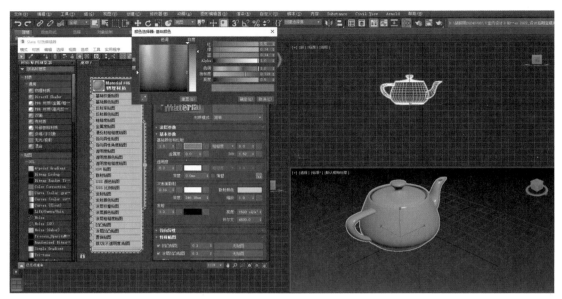

图 5-20　调整参数

如果想去除材质，可以单击右侧"命令面板"中的"实用程序"按钮（见图 5-21），鼠标左键单击"更多"—"UVW 移除"，然后选择想要移除的元素即可。

3. 灯光

灯光在三维制作中不仅可以照亮物体，还能表现出天气状况和场景氛围，所以灯光设置是三维制作中十分重要的环节。

3ds Max 中的灯光工具可以模拟现实生活中的光，为各种场景添加逼真的照明效果。

在"命令面板"中单击灯光按钮 💡（见图 5-22），根据需求选择灯光，然后在视图中单击鼠标左键，从上往下拖曳创建灯光，同时别忘启用阴影，随需要自由调节光影效果。

图 5-21　实用程序

图 5-22　灯光

4. 摄影机

3ds Max 中的摄影机功能和现实生活中的摄像机类似，可以用不同视角、不同镜头来观察场景，并且可以创建摄影机动画等，让人有身临其境之感。

在"命令面板"中单击摄影机按钮■◀（见图 5-23），根据需求选择摄影机，然后在视口区使用 Alt+ 鼠标中键找到需要的角度后，按住鼠标左键拖拽创建摄影机（见图 5-24），固定构图后渲染输出。

图 5-23　摄影机

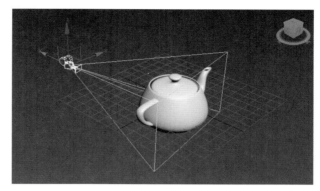

图 5-24　创建摄影机

5. 渲染输出

"文件"菜单下的"保存"只会保存场景中的数据信息，以便下次编辑时使用。如果想将场景中的信息输出为图片或视频，就需要渲染来完成。通过"主工具栏"中的"渲染设置"或按 F10 键打开渲染窗口（见图 5-25），单击渲染就可以渲染当前视口了，之后单击渲染窗口左上方的"保存"按钮，将渲染后的效果保存到计算机中。

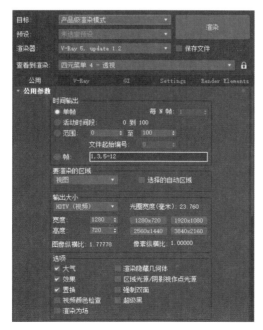

图 5-25　渲染设置

第二节　3ds Max 家装建模

一、建模的概念

在三维空间里制作和编辑模型被称为建模，所创建的对象就是三维模型。

二、3ds Max 在室内设计中的应用

（一）概述

室内设计就是对建筑物内部空间进行的功能改造和美化，目的是满足人们居住、生活、工作的需要。

在室内设计初期，设计师可以利用 3ds Max 创建室内虚拟环境，对真实环境进行模拟，让客户全方位地感受室内的光、影等效果，获得身临其境的体验感（见图 5-26）。

图 5-26　使用 3ds Max 设计的室内效果图

（二）在 3ds Max 中进行室内设计的流程

在 3ds Max 中进行室内设计的流程如图 5-27 所示。

（三）建模

步骤 1：打开 3ds Max 软件，选择"自定义"菜单下的"单位设置"选项，在"单位设置"对话框中将"显示单位比例"选项组中的"公制"改为"毫米"；左键单击"系统单位设置"，将单位改为"毫米"（见图 5-28）。

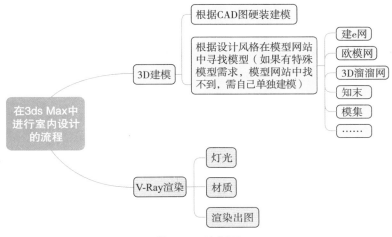

图 5-27　流程图

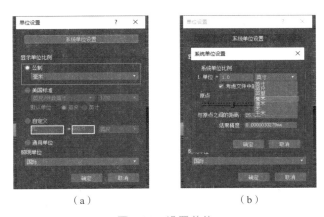

（a）　　　　　　　　　　　（b）

图 5-28　设置单位

步骤 2：选择"文件"菜单中的"导入"—"导入"命令，将要进行室内设计的 CAD 平面图导入 3ds Max 软件中（见图 5-29）。

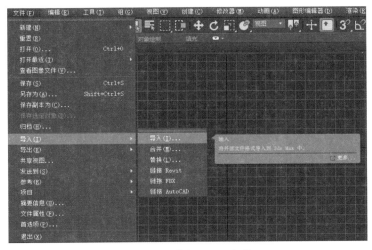

图 5-29　导入 CAD 文件

步骤 3：将"传入的文件单位"改为"毫米"，勾选"重缩放"复选框（见图 5-30）。

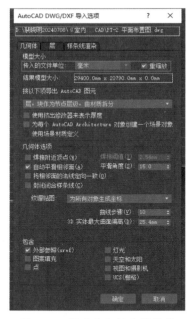

图 5-30　修改传入的文件单位

步骤 4：使用 Ctrl+A 快捷键全选导入的 CAD 平面图文件，选择"组"菜单下的"组"，单击"确定"按钮即可；在视口区单击鼠标右键，在弹出的快捷菜单中，执行"冻结当前选择"命令（见图 5-31）。

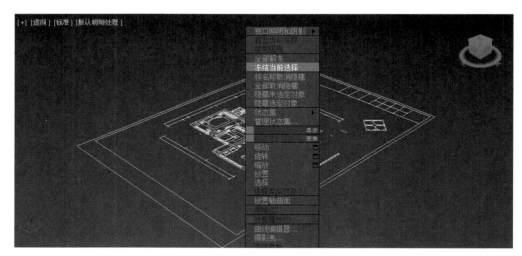

图 5-31　冻结当前选择

步骤 5：墙体建模。

① 找到"主工具栏"中的"捕捉开关" 3²，点住鼠标左键启动捕捉开关 2.5（见图 5-32）；然后在"捕捉开关"上单击鼠标右键打开"栅格和捕捉设置"对话框，在"捕捉"选项卡中勾选"顶点"复选框，在"选项"选项卡中勾选"捕捉到冻结对象"复选框和"启用轴约束"复选框（见图 5-33）。

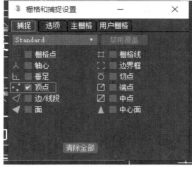

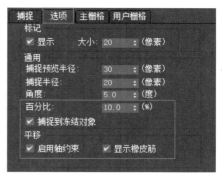

（a）勾选"顶点"　　　　　　　　　　　　　（b）勾选"捕捉到冻结对象"等

图 5-32　设置捕捉开关　　　　　　　　　　图 5-33　栅格和捕捉设置

②　在"命令面板"中单击"图形"按钮 ，选择"线"选项（见图 5-34）；用一根线勾画出墙体，注意，应画一个闭合的图形，中间不要断（见图 5-35），如果线断了，墙就会变成空心的，所以记得在"修改器列表"—"顶点"中激活"焊接"（见图 5-36），使用这个命令将线重新连在一起。

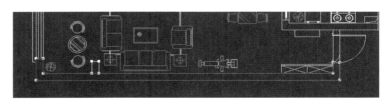

图 5-34　"线"的选择　　　　　　　　　　　　图 5-35　画出墙体

③　在"命令面板"中单击"修改"按钮 ，选择"修改器列表"中的"挤出"，调整高度（房屋实际高度）（见图 5-37），就会产生一面墙体。

图 5-36　焊接

（a）调整高度　　　　（b）墙体

图 5-37　挤出墙体

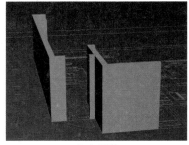

　　步骤 6：地面建模。在"命令面板"中单击"图形"按钮，选择"线"选项；用一根线围着图形外立面勾画出地面，然后选择"修改器列表"中的"挤出"。因为要给水泥、瓷砖或地板留出位置，所以调整数值时可将数值改为"–50"（见图 5-38）。

　　步骤 7：门洞建模。墙体建模已经完成，所以门的宽度是固定的，门的高度按实际数值或客户需要更改。执行"图形"—"矩形"命令在顶视图中将门画出来，选择"修改器列表"中的"挤出"（挤出数值 = 房屋高度 – 门的高度），在 z 轴上修改相应数值（门的高度）即可做出门洞（见图 5-39）。

图 5-38　地面建模

图 5-39　门洞建模

步骤 8：窗户建模。操作方法和门洞建模一样，窗户的离地高度和窗户的高度按实际测量的数值或客户所需要的高度修改即可（见图 5-40）。

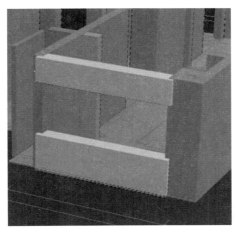

图 5-40　窗户建模

步骤 9：柜子建模。

① 在"命令面板"中单击"图形"按钮 ，选择"线"；用一根线将所要建模的柜子勾画出来；然后挤出，修改数值时要考虑到给吊顶留位置（见图 5-41）。

视频讲解

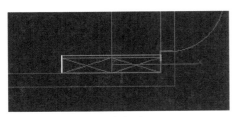

（a）勾画

（b）挤出

图 5-41　柜子建模

② 如果想在柜子中间做一个高度为 500mm 的开放格，可以执行"命令面板"下"修改"—"修改器列表"—"编辑多边形"命令（见图 5-42）。

首先选取柜子，按 Alt+Q 快捷键将柜子独立出来，选择柜子所有的边，选择"修改器列表"—"编辑多边形"—"边"—"编辑边"—"连接"（见图 5-43），柜子中间就会多出一条线。

其次选择"编辑边"—"切角"，将数值修改为 250.0mm（见图 5-44）。

图 5-42　编辑多边形

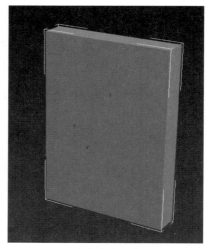

（a）选择"连接" （b）多出的线

图 5-43 编辑边

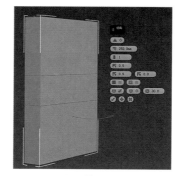

（a）选择"切角" （b）修改数值

图 5-44 切角

最后选择"编辑多边形"—"多边形"，然后选择柜子中间的面，按 Delete 键将其删除（见图 5-45）。

③ 使用上面学过的方法为剩下的柜子分区，修改数值（根据实际情况而定）（见图 5-46）。

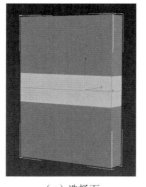

（a）选择面　　　　　　　　　　（b）删除面

图 5-45　柜子开放格

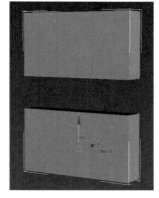

（a）修改数值　　　　　　　　　　（b）分区

图 5-46　柜子分区

④ 选中柜子的所有面，选择"编辑多边形"—"多边形"—"编辑几何体"—"分离"—"分离为克隆"，单击"确定"按钮即可（见图 5-47）;然后选择"编辑多边形"，退出子层级"多边形"。

⑤ 选择柜子所有的面，在"编辑多边形"中单击"插入"，上面选"按多边形"，下面数值调整为 3.0mm（见图 5-48），柜子中间的缝隙就被做出来了。

⑥ 单击"修改器列表"—"壳"，注意按实际情况修改参数，这样柜板就有了厚度（见图 5-49）。

⑦ 按照前面讲过的操作步骤给开放格加上底板、顶板和背板（见图 5-50）。

步骤 10：家具、电器等建模。在室内设计领域中，效果图里的家具、电器等模型大部分来自模型库。要在 3ds Max 中使用这些模型，需要先将所用的模型下载到计算机中。

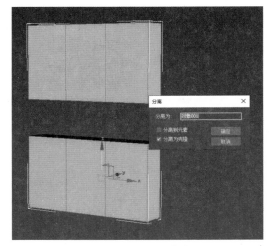

图 5-47　分离为克隆

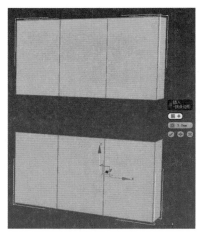

图 5-48　柜子缝隙

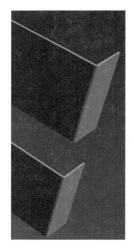

（a）修改参数　　　　　　　（b）厚度

图 5-49　壳

图 5-50　顶板

以冰箱为例，单击"文件"菜单下的"导入"—"合并"，将冰箱所在的路径复制粘贴到"文件名"中打开（见图 5-51），点击确定即可。根据摆放位置调节冰箱的方向，注意考虑冰箱与墙面的缝隙，可以通过修改 x、y 轴的数值进行调整（见图 5-52）。

图 5-51　合并

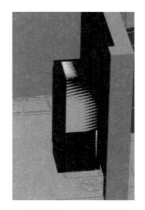

图 5-52　放置冰箱

第三节　V-Ray 渲染参数

一、认识 V-Ray 渲染器

视频讲解

（一）渲染的概念

"渲染"一词来自英文单词"Render"，是指运用某种着色计算获得对象显示效果的一种算法。

（二）V-Ray 渲染器

V-Ray 是由 chaos 公司出品的一款全能渲染器，很多三维艺术家和设计师都在使用这款渲染软件创建照片级的图像和动画。

V-Ray 具有较高的可操作性，结合场景智慧技术，提前预设参数，简化了操作步骤，用户可以根据实际情况，通过调节众多参数来控制渲染的时间和效果，以获得不同质量和风格的作品。

V-Ray 与其他渲染解决方案不同的是，它包含 CPU 和 GPU+CPU 混合渲染选项。V-Ray 渲染使用自适应光线追踪技术和独有的场景智能技术来渲染写实的图像和动画，制作与照片真假难辨的图片（见图 5-53）。它能准确地计算出光线的分布，以及任何材质的物理属性。

图 5-53　使用 V-Ray 渲染的灯光和照明

凭借其功能多样，V-Ray 在动画、建筑、视觉效果、室内设计、汽车、时尚与服装、产品设计等领域被广泛使用。

V-Ray 不是 3ds Max 内置的渲染器，而是与之适配的插件。V-Ray 与 3ds Max 的完美结合可以在应用程序中将 3D 场景变成艺术作品。

二、V–Ray 的使用

在"主工具栏"中单击"渲染设置"按钮 （或直接使用 F10 快捷键）打开渲染设置面板（见图 5-54），在这里需要设置三个参数才可以进行渲染。

（1）设置输出方式：如果渲染的是单帧图片，可以将"时间输出"设置为"单帧"；如果渲染的是序列帧动画，可以根据输出时长选择"活动时间段"和"范围"。

（2）设置输出尺寸：根据实际需要调整输出尺寸的数据。例如，想将效果图打印在 A4 纸上，可以将尺寸设置为 2480mm×3508mm，完成渲染后到 Photoshop 中将分辨率改为 300，这样打印出来的图片就不会模糊；如果渲染的是一段高清视频，可以将尺寸设置为 1920mm×1080mm；如果渲染的是 PPT，可以将尺寸设置为 1024mm×768mm。

图 5-54 渲染设置面板

（3）设置输出位置和格式：如果只是想看看模型效果，可以不用设置文件保存路径，完成渲染后用保存图像进行保存即可。

经常用到的输出格式有三种，即 JPEG、PNG、OpenEXR。JPEG（JPG）格式的特点是有损压缩、文件量小、方便网络传输，适用于网络图片和样稿制作；PNG 格式的特点是无损压缩、带透明通道、图片预览快，适用于单帧和动画序列；OpenEXR 是视觉效果行业使用的一种文件格式，适用于高动态范围图像，是专业影视后期制作的首选格式。

设置好参数后，单击"渲染"按钮就可以进行渲染了。

作业

（1）3ds Max 的工作界面可以分为几个工作区？
（2）合并与导入的区别是什么？
（3）试着在 3ds Max 中创建一个长方体。
（4）试着在 3ds Max 中创建一个茶壶，并为之指定一种材质。
（5）在 3ds Max 中导入一张简单的 CAD 图，尝试完成一些简单的建模。

本章习题

第六章　SketchUp 建筑草图

PPT 讲解

第一节　SketchUp 软件基础命令

视频讲解

一、SketchUp 软件概述

SketchUp（草图大师）是一款方便、易用且功能强大的三维建模与设计软件，在建筑设计、家具设计、展陈设计、电影美术、舞台美术、产品设计、工程设计等领域都有广泛的应用。

SketchUp 就像计算机设计中的一支"铅笔"，实时的材质、光影表现可以帮助用户得到更为直观的视觉效果，其快速成型、易于编辑、直观的操作和表现模式等特点，尤其有助于建筑师、设计师对设计方案的推敲。

二、SketchUp 的操作界面

本章以 SketchUp Pro 2022 为例，讲解软件的默认操作界面。

在计算机上安装了 SketchUp Pro 2022 软件后，双击桌面上的 🔩 图标即可启动该软件，首先进入的是"欢迎使用 SketchUp"向导界面，可以在"更多模版"中根据自己的需要选择合适的模版（见图 6-1）。下面以选择"建筑（毫米）"为例，单击该选项后进入 SketchUp Pro 2022 的操作界面，界面十分简洁，分区也十分合理，所有功能都可以通过菜单和工具栏命令在操作界面内完成，对初学者来说十分友好。

SketchUp Pro 2022 的操作界面主要由菜单栏、工具栏、默认面板、绘图区、数值控制框、状态栏等构成（见图 6-2）。

1. 菜单栏

菜单栏由"文件""编辑""视图""相机""绘图""工具""窗口""扩展程序""帮助"9 个主菜单组成，每个主菜单下都包含了多个命令。

（1）"文件"菜单（见图 6-3），用于管理场景中的文件。

① "新建"：执行该命令后将新建一个 SketchUp 文件，并关闭当前文件。

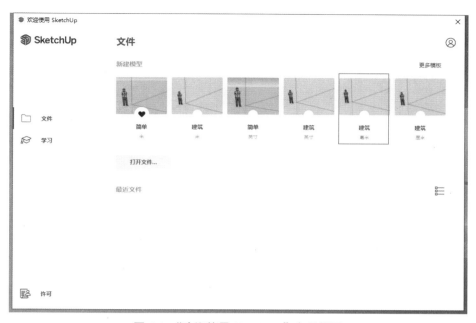

图 6-1 "欢迎使用 SketchUp"向导界面

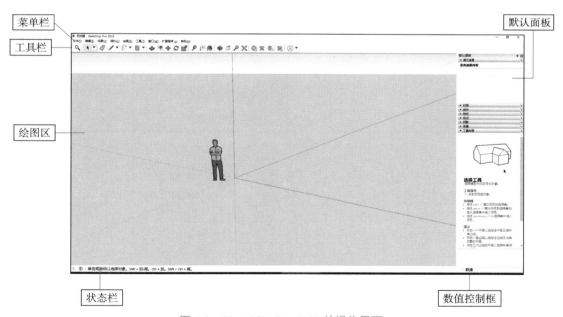

图 6-2 SketchUp Pro 2022 的操作界面

②"副本另存为"：保存过程文件，对当前文件没有影响。在保存重要步骤或构思时使用非常便捷。但此命令只有在对当前文件命名之后才能被激活。

③"发送到 LayOut"：将场景模型发送到 LayOut 中进行图纸布局与标注等操作。

④"3D Warehouse"：可以"分享组件""共享模型"。

⑤"导入"：将组件、图像、dwg/dxf/3ds/psd 文件等插入当前场景中。

⑥"导出"：导出三维模型、二维图形、剖面、动画等。

（2）"编辑"菜单（见图6-4），用于对场景中的模型进行编辑操作。

"删除参考线"：删除场景中所有的辅助线。

文件(F) 编辑(E) 视图(V) 相机(C) 绘图	
新建(N)	Ctrl 键+N
从模板新建…	
打开(O)…	Ctrl 键+O
保存(S)	Ctrl 键+S
另存为(A)…	
副本另存为(Y)…	
另存为模板(T)…	
还原(R)	
发送到 LayOut(L)…	
开始 PreDesign…	
地理位置(G)	>
3D Warehouse	>
Trimble Connect	>
导入(I)…	
导出(E)	>
打印设置(R)…	
打印预览(V)…	
打印(P)…	Ctrl 键+P
生成报告…	
最近的文件	
退出(X)	

图6-3 "文件"菜单

编辑(E) 视图(V) 相机(C) 绘图(R) 工具(T) 窗口	
撤销	Alt 键+退格键
重复 折线	Ctrl 键+Y
剪切(T)	Shift 键+删除
复制(C)	Ctrl 键+C
粘贴(P)	Ctrl 键+V
定点粘帖(A)	
删除(D)	删除
删除参考线(G)	
全选(S)	Ctrl 键+A
全部不选(N)	Ctrl 键+T
反选所选内容	Ctrl 键+Shift 键+I
隐藏(H)	
撤销隐藏(E)	>
锁定(L)	
取消锁定(K)	>
创建组件(M)…	G
创建群组(G)	
关闭群组 / 组件 (O)	
模型(I) 交错	>
没有选择内容	>

图6-4 "编辑"菜单

（3）"视图"菜单（见图6-5），包含了模型显示的多个命令。

① "工具栏"：工具栏列表中包含了 SketchUp 软件中的所有工具栏，单击勾选相应的选项，即可在绘图区中显示相应的工具栏。如果安装了插件，也会在这里显示出来。

② "隐藏物体"：将隐藏的物体以虚线的形式显示出来。

③ "坐标轴"：显示或隐藏绘图区的坐标轴。

④ "阴影"：显示模型在地面的阴影。

⑤ "雾化"：为场景添加雾化效果。

⑥ "边线类型"：包含了5个子命令，其中"边线"和"后边线"用于显示模型的边线；"轮廓线""深粗线"和"扩展程序"用于激活相应的边线渲染模式。

⑦ "表面类型"：包含了6种显示模式，分别为"X光透视模式""线框显示""消隐""着色显示""贴图"和"单色显示"。

（4）"相机"菜单（见图6-6），用于改变模型视角。

① "匹配新照片"：引入照片作为材质，对模型进行贴图。

② "编辑匹配照片"：对匹配的照片进行编辑修改。

图 6-5　"视图"菜单　　　　　　　图 6-6　"相机"菜单

（5）"绘图"菜单（见图 6-7），包含用于建模的基本工具指令。

"沙箱"：利用等高线或网格创建地形。

（6）"工具"菜单（见图 6-8），包含对物体进行操作的常用命令。

① "橡皮擦"：删除边线、辅助线和绘图窗口的其他物体。

② "材质"：为面或组件赋予材质。

③ "推 / 拉"：扭曲和均衡模型中的面。根据几何体的不同特性，

图 6-7　"绘图"菜单

该命令可以移动、挤压、添加或者删除面。

④ "路径跟随"：使面沿着某一连续的边线路径进行拉伸，在绘制曲面物体时非常方便。

⑤ "偏移"：偏移复制共面的面或线，可以在原始面的内部和外部偏移边线，偏移一个面会创造出一个新的面。

⑥ "实体工具"：包含了 5 种布尔运算功能，可以对组件进行相交、并集、去除、修剪和拆分的操作。

⑦ "外壳"：将两个组件合并成一个物体并自动成组。

（7）"窗口"菜单（见图 6-9），包含不同的编辑器和管理器。

"3D Warehouse"：模型库，可以从 3D 模型库中下载所需的 3D 模型，也可以将模型上传至网上（见图 6-10）。

工具(T)　窗口(W)　扩展程序 (x)　帮助(H)

✓ 选择(S)	均分图元
套索	Shift 键+均分图元
橡皮擦(E)	E
材质(I)	B
标记	
移动(V)	M
旋转(T)	Q
缩放(C)	S
推/拉(P)	P
路径跟随(F)	
偏移(O)	F
实体工具(T)	>
外壳(S)	
卷尺(M)	T
量角器(O)	
坐标轴(X)	
尺寸(D)	
文本(T)	
3D 文本(3)	
剖切面(N)	
互动	
沙箱	>

图 6-8 "工具"菜单

窗口(W)　扩展程序 (x)　帮助

默认面板	>
管理面板......	
新建面板......	
模型信息	
系统设置	
3D Warehouse	
组件选项	
组件属性	

图 6-9 "窗口"菜单

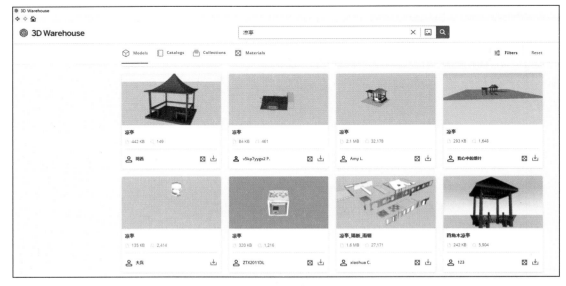

图 6-10 模型库

（8）"扩展程序"菜单（见图 6-11）。

（9）"帮助"菜单（见图 6-12）。

图 6-11 "扩展程序"菜单

图 6-12 "帮助"菜单

2. 工具栏

视频讲解

工具栏在菜单栏的下面，由一系列图标按钮组成，集结了最常用的命令。初始操作界面的工具栏只显示"使用入门"工具栏，工具较少（见图 6-13）。

图 6-13 "使用入门"工具栏

单击"视图"菜单下的"工具栏"，取消对"使用入门"的勾选，勾选"大工具集"（见图 6-14），就会在操作界面左侧出现"大工具集"工具栏（见图 6-15）。

图 6-14 "工具栏"—"大工具集"

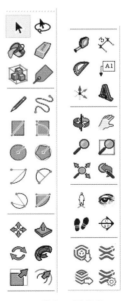

图 6-15 "大工具集"工具栏

根据自己的需要和制图习惯，继续用此方法勾选"标准""截面""沙箱""实体工具""视图""数值""阴影"等常用的工具，然后进行整理，绘图时使用起来就会非常方便。

工具栏中常见按钮的作用如表 6-1 所示。

表 6-1　工具栏中常见按钮的作用

按钮	作　　用
	"选择"按钮，选择要用其他工具或命令修改的图元
	"套索选择"按钮，选择要用其他工具或命令修改的图元
	"材质"按钮，对模型中的图元应用颜色和材质
	"擦除"按钮，擦除、软化或平滑模型中的图元
	"直线"按钮，根据起点和终点绘制边线
	"手绘线"按钮，通过点击并拖动手绘线条
	"矩形"按钮，根据起始角点和终止角点绘制矩形平面
	"旋转矩形"按钮，从 3 个角画矩形面
	"圆形"按钮，根据中心点和半径绘制圆形
	"多边形"按钮，根据中心点和半径绘制多边形
	"圆弧"按钮，根据中心点和 2 点绘制圆弧
	"圆弧"按钮，根据起点、终点和凸起部分绘制圆弧
	"3 点画弧"按钮，通过圆周上的 3 点画出圆弧
	"扇形"按钮，根据中心点和 2 点绘制关闭圆弧
	"移动"按钮，移动、拉伸、复制和排列所选图元
	"推 / 拉"按钮，推和拉平面图元以雕刻三维模型
	"旋转"按钮，围绕某个轴旋转、拉伸、复制和排列所选图元

续表

按钮	作　　用
	"路径跟随"按钮，按所选平面路径跟随
	"缩放"按钮，调整所选图元比例并对其进行缩放
	"偏移"按钮，偏移平面上的所选边线
	"卷尺工具"按钮，测量距离，创建引导线、引导点，调整整个模型的比例
	"尺寸"按钮，在任意两点间绘制尺寸线
	"量角器"按钮，测量角度并创建参考线
	"文字"按钮，绘制文字标签
	"轴"按钮，移动绘图轴或重新确定绘图轴方向
	"三维文字"按钮，绘制三维文字
	"环绕观察"按钮，使相机视野环绕模型
	"平移"按钮，垂直或水平平移相机
	"缩放"按钮，缩放相机视野
	"缩放窗口"按钮，缩放相机以显示选定窗口内的一切
	"充满视窗"按钮，缩放相机视野以显示整个模型
	"上一视图"按钮，撤销以返回上一个相机视野
	"定位相机"按钮，按照具体的位置、视点高度和方向定位相机视野
	"绕轴旋转"按钮，以固定点为中心转动相机视野
	"漫游"按钮，以相机为视角漫游
	"剖切面"按钮，绘制剖切面以显示模型的内部细节

续表

按钮	作　　用
	"3D Warehouse"按钮，打开 3D Warehouse（3D 模型库）
	"Extension Warehouse"按钮，向 SketchUp 添加扩展程序
	"LayOut"按钮，将文件发送至 LayOut 套件
	"扩展程序管理器"按钮，打开扩展程序管理器对话框

3. 默认面板

在"窗口"菜单下的"默认面板"中勾选经常使用的命令，就会在右侧的"默认面板"中出现该命令，拖动这些命令可进行位置的调换；单击相应的命令可以展开或隐藏该命令（见图 6-16）。

（a）勾选常用命令　　　　　　　（b）显示的常用命令

图 6-16　默认面板

4. 绘图区

不同于 3ds Max，SketchUp 的绘图区只有单个视图，占据了界面中的最大区域，三条相互垂直且带有颜色的直线是绘图轴。在绘图区可以创建和编辑模型，也可以对视图进行调整，还可以在工具栏中找到对应的按钮来切换视图。

5. 数值控制框

可以根据当前的绘图情况在数值控制框中输入长度、距离、角度和个数等相关数值，起到精确建模的作用。

6. 状态栏

当光标在操作界面上移动时，状态栏中会有相应的文字提示。

三、SketchUp 中常用的快捷键

SketchUp 软件中默认设置了一些命令的快捷键，如"矩形 (R)""圆 (C)""删除 (E)"等，这些快捷键都是可以修改的，也可以根据自己的绘图习惯设置其他命令的相应快捷键。

在"窗口"菜单下单击"系统设置"—"快捷方式"，在"功能"下单击需要设置快捷方式的命令，然后将鼠标定位在右侧的"添加快捷方式"中，在键盘上按下需要设置的快捷键，这个快捷键就会自动出现在"添加快捷方式"中，之后单击右侧的 ⊞，在"已指定"中就会显示该快捷键，最后单击"好"即完成了快捷键的设置（见图 6-17）。

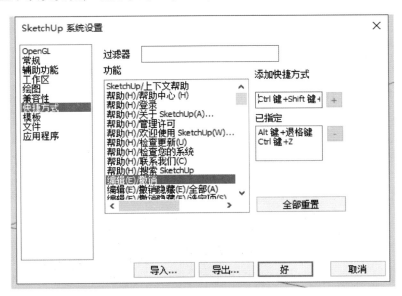

图 6-17　创建快捷方式

第二节　建筑与园林景观制作原理

一、SketchUp 软件在建筑设计中的应用

视频讲解

（一）应用基础

传统的设计图纸大多是手工绘制的，不够直观。而 SketchUp 是直接面向设计方案创作过程的设计工具，不仅能够充分表达用户的思想，而且完全能满足用户与客户即时交流的需要；SketchUp 可以帮助用户在电脑上进行十分直观的构思，是创作三维设计方案的实用工具。

SketchUp 可以通过 Ruby 语言自主开发一些插件，如建筑插件、细分 / 光滑插件等。同时，SketchUp 与建筑专业软件有极好的兼容性，用户通过推 / 拉命令能够快速将导入的 CAD 二维平面图纸快速转换为三维建筑模型，使抽象的图纸变得具象，所以 SketchUp 在建筑方案设计中应用较为广泛，从前期场地的构建，到建筑大概形体的确定，再到建筑造型及立面设计，其直观快捷的优点很受建筑师的喜欢。

在 SketchUp 中建模可以精确到建筑物的每一个构件，帮助用户精确计算出防水工程、脚手架工程、模板工程、砌筑工程等工程的材料用量，使材料采购有所依据，起到降低建筑成本的作用。

通过将二维建筑平面图转换为三维建筑模型，SketchUp 可以完成虚拟施工的各道工序，真正做到将大楼在图纸上建造起来。通过这种虚拟施工，用户会更加熟悉施工图纸，也会提前发现设计中存在的一些问题。

另外，在建筑内部空间的推敲、光影及日照分析、建筑色彩及质感分析、方案的动态分析及对比分析等方面，SketchUp 也为用户提供了更为方便快捷的直观显示。

SketchUp 主要运用在建筑设计的方案阶段，在这个阶段需要建立一个大致的模型，然后通过这个模型构建建筑体量、尺度、材质、空间等细节（见图 6-18）。

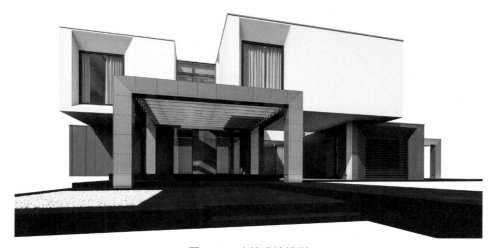

图 6-18　建筑设计模型

（二）建筑构件制作

以创建小房子为例。

步骤 1：单击"矩形"按钮 ▨，在英文输入法下将右下角的尺寸改为"5000mm，6000mm"（见图 6-19），绘制一个长为 5000mm、宽为 6000mm 的矩形（见图 6-20）。

步骤 2：单击"推 / 拉"按钮 ◈，将矩形向上推拉出 3000mm（见图 6-21）。

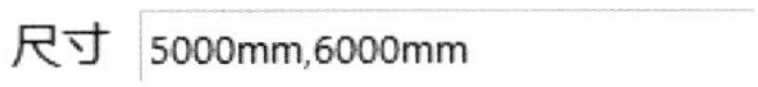

尺寸　5000mm,6000mm

图 6-19　设置尺寸

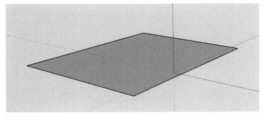

图 6-20　绘制矩形

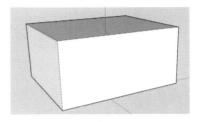

图 6-21　推 / 拉矩形

步骤 3：单击"直线"按钮 ✎，在上面的面上绘制一条中心线（见图 6-22），单击"移动"按钮 ❖，向蓝色轴方向垂直移动 2500mm，生成屋顶（见图 6-23）。

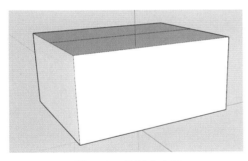

图 6-22　绘制中心线

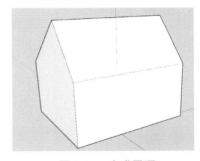

图 6-23　生成屋顶

步骤 4：单击"推 / 拉"按钮 ◈，将屋顶两面向外拉出 200mm（见图 6-24），将房子两个立体面向里推 200mm（见图 6-25）。

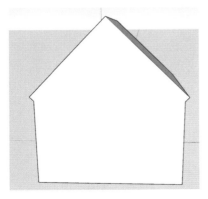

图 6-24　拉出屋顶

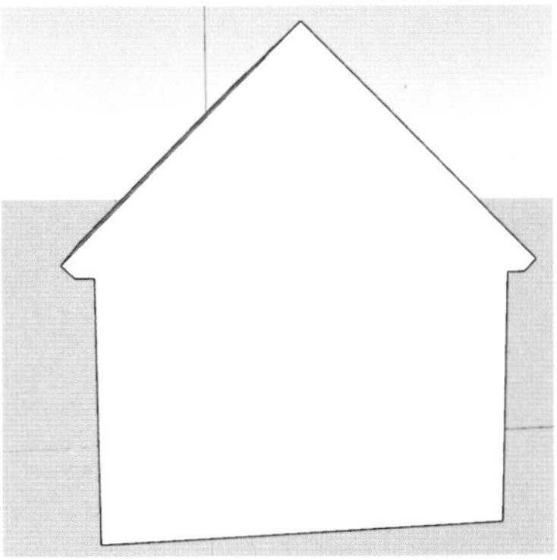

图 6-25　推进墙面

步骤5：按住 Ctrl 键选择房顶两条边，单击"偏移"按钮 ，向里偏移 200mm（见图 6-26）。

步骤6：单击"推 / 拉"按钮 ，将屋顶向外拉 400mm（见图 6-27）。

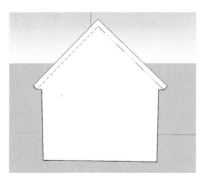

图 6-26　偏移复制屋顶边

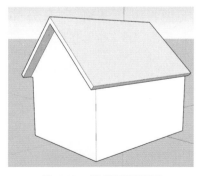

图 6-27　拉出屋顶侧面

步骤7：重复步骤5和步骤6的操作，将屋顶的另一面同样进行偏移和推拉（见图 6-28）。

步骤8：选中房子底部的一条边，单击鼠标右键，执行"拆分"命令，将底边拆分为三段（见图 6-29）。

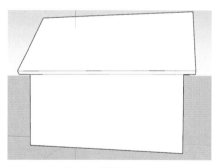

图 6-28　偏移、推拉出屋顶另一侧面

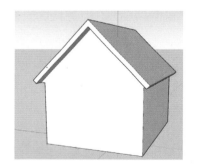

图 6-29　拆分底边

步骤9：单击"直线"按钮 ，绘制高为 2500mm 的门（见图 6-30）；单击"推 / 拉"按钮 ，将门向里推 200mm，然后选中门的面，点击鼠标右键删除面（见图 6-31），即可看到房子的内部空间。

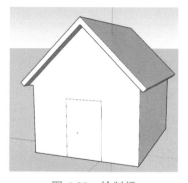

图 6-30　绘制门

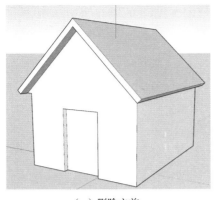

（a）删除之前

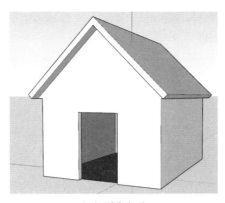

（b）删除之后

图 6-31　制作门洞

步骤 10：单击"矩形"按钮 ▨，在墙体上绘制一个长为 2500mm、宽为 2000mm 的矩形（见图 6-32）。

步骤 11：单击"推 / 拉"按钮 ⬥，将窗户向外拉 600mm（见图 6-33）。

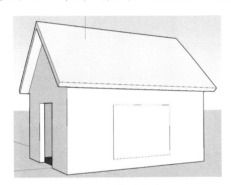

图 6-32　绘制窗户

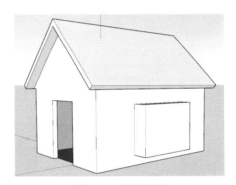

图 6-33　拉出窗户

步骤 12：单击"矩形"按钮 ▨，在窗户上绘制两个相交的矩形；单击"推 / 拉"按钮 ⬥，将两个矩形向外拉 25mm（见图 6-34）。

步骤 13：利用"矩形"按钮 ▨ 和"推 / 拉"按钮 ⬥，在窗户上下分别绘制、推拉出矩形块（见图 6-35）。

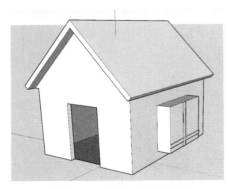

图 6-34　创建、推拉矩形

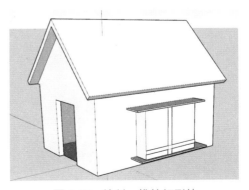

图 6-35　绘制、推拉矩形块

步骤 14：单击"俯视图"按钮 🔳 切换到俯视图（见图 6-36），单击"矩形"按钮 ▨ 绘制出地面（见图 6-37）。

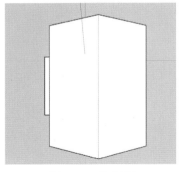

图 6-36　俯视图

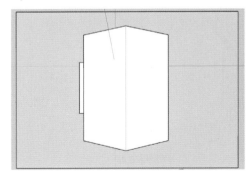

图 6-37　绘制地面

步骤 15：在"默认面板"的"材质"中选择合适的材质对各个部件进行填充（见图 6-38）。

（a）选择"材质"

（b）填充效果

图 6-38　填充材质

步骤 16：在"窗口"菜单中点击"3D Warehouse"，为房子添加门组件及其他组件（见图 6-39）。

图 6-39　添加组件

二、SketchUp 软件在园林景观设计中的应用

（一）应用基础

SketchUp 操作灵巧，在构建地形高差等方面可以生成直观的效果，还拥有丰富的景观素材库和强大的贴图材质功能，并且 SketchUp 图纸的风格非常适合景观设计表现。可以说，SketchUp 在一定程度上提高了用户的工作效率和质量，尤其随着插件功能和软件包的不断升级，用 SketchUp 软件进行景观设计已经越来越普遍（见图 6-40）。

图 6-40　园林景观设计

（二）园林景观制作

以创建景点一隅为例。

步骤 1：单击"矩形"按钮 ▨，绘制一个长为 10000mm、宽为 8000mm 的矩形（见图 6-41）；单击"圆"按钮 ◉，在矩形面上绘制一个半径为 2600mm 的圆（见图 6-42）。

图 6-41　绘制矩形

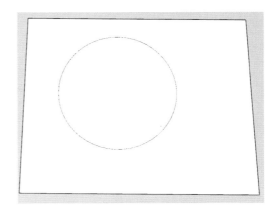

图 6-42　绘制圆

步骤 2：单击"圆弧"按钮 ◠，在圆上绘制圆弧（见图 6-43）；单击"擦除"按钮 ◪，将多余的线擦掉（见图 6-44）。

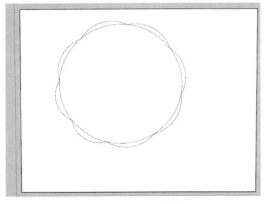

图 6-43　绘制圆弧　　　　　　　　　　　　　图 6-44　擦除多余线

步骤 3：单击"偏移"按钮，将花形水池面向里偏移 200mm（见图 6-45）；单击"推 / 拉"按钮，将里面的花形水池向下推 200mm，将外面的花形水池向上拉 100mm（见图 6-46）。

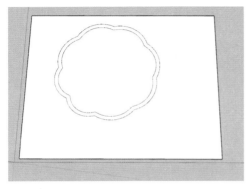

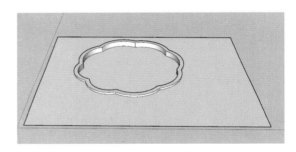

图 6-45　偏移水池面　　　　　　　　　　　　图 6-46　推 / 拉水池

步骤 4：在"默认面板"的"材质"中选择合适的材质对花形水池进行材质填充，并给水池中填充水纹材质（见图 6-47）。

（a）填充之前　　　　　　　　　　　　　　（b）填充之后

图 6-47　填充材质

步骤 5：单击"手绘线"按钮，在水面上随意画出曲线面（见图 6-48）；单击"推 / 拉"按钮，将水面上的曲线面推拉出立体图形，并填充材质（见图 6-49）。

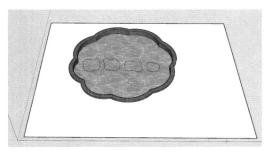

图 6-48　手绘曲线面

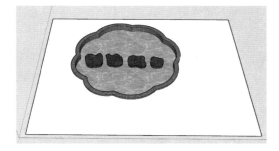

图 6-49　推拉并填充材质

步骤 6：单击"矩形"按钮 ■，绘制一个长宽均为 3000mm 的矩形；单击"推 / 拉"按钮 ◆，将矩形向上拉 1000mm（见图 6-50），形成坐凳的雏形。

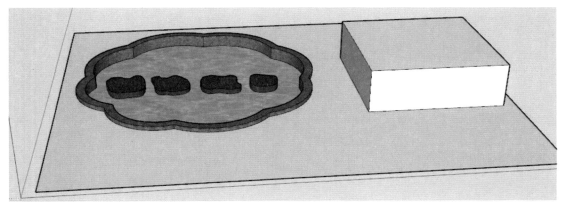

图 6-50　推拉矩形（向上拉）

步骤 7：单击"矩形"按钮 ■，在四个侧面绘制出相同的矩形（见图 6-51）；单击"推 / 拉"按钮 ◆，将中间的矩形向里推 500mm（见图 6-52）。

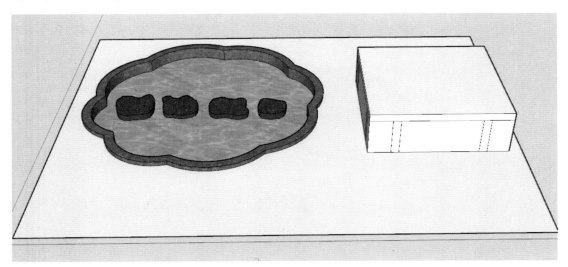

图 6-51　绘制矩形

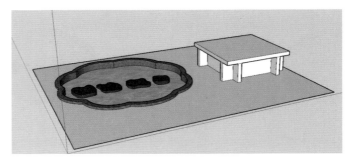

图 6-52　推拉矩形（向里推）

步骤 8：单击"偏移"按钮 ，将上面的面向里偏移 900mm；再单击"推 / 拉"按钮 ，将里面的面向上拉 300mm（见图 6-53）。

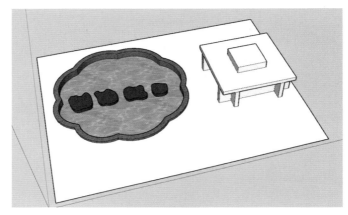

图 6-53　偏移、推拉

步骤 9：单击"偏移"按钮 ，将坐凳上面的面向里偏移 115mm；再单击"推 / 拉"按钮 ，向下推 200mm，形成树池（见图 6-54）。

图 6-54　偏移、推拉形成树池

步骤 10：在"默认面板"的"材质"中选择合适的材质，给坐凳和树池填充，并导入适配的组件（见图 6-55）。

图 6-55　给坐凳和树池填充材质、导入组件

步骤 11：给地面填充合适的材质，并根据需要导入组件（见图 6-56）。

图 6-56　给地面填充材质、导入组件

第三节　SketchUp 建模与渲染

一、SketchUp 建模

（一）使用 SketchUp 创建三维模型的优势

1. 操作界面简单易操作

SketchUp 软件的操作界面简洁直观，界面上的绘图工具及自定义的快捷键都能帮助用户快速、准确地创建三维模型。

2. 灵活构建几何体

SketchUp 软件中的几何体引擎具有相当的延展性和灵活性，这种几何体由线在三维空间中互相连接组合构成面的架构，而表面则由这些线围合而成，互相连接的线与面保持着对周边几何体的属性关系，所以使用起来更为智能和灵活。

3. 画线成面，推拉成型

在 SketchUp 软件中不需要进行复杂的三维建模，只需利用"推/拉"功能就能将一个二维平面图快速地塑造成三维几何体；耦合功能的自动愈合特性可以将简单的图形组合成复杂的形体；分割功能可以轻易将一个形体进行分割，尽情地展现用户的创意思维。另外，用户在数值框手动输入数值进行建模，就能保证模型的尺度精确。

4. 表现方式多种多样

SketchUp 软件中有线框模式、隐藏线模式、阴影模式、阴影纹理模式等多种模型的显示模式，各有侧重，用户可以根据自己的实际需要进行选择。同时，SketchUp 中的表现风格也多种多样：水粉、马克笔、钢笔、油画风格等。

5. 多场景切换

在 SketchUp 软件中，用户选择不同的场景标签，就可以在同一视图窗口中比较多个场景视图，有利于对设计对象进行多角度的对比和分析。

6. 便捷的材质编辑功能

用户通过"材质"按钮 就可以对选定对象进行颜色和材质的修改。

7. 强大的剖面图功能

SketchUp 软件能按用户的要求快捷地生成各空间的剖面图，让用户可以直观地看到模型内部，以了解模型内部的空间关系，并直接在模型内部工作。

用户还可以将剖面图导出为矢量数据格式，以便在制作图标或专题图中使用。

8. 光影的真实表现

在 SketchUp 软件中，用户根据自己的需要设定经纬度和时间，就会得到真实的日照效果，能有效评估建筑物的各项日照指标，如居民小区中某幢楼的日照时间是否符合规定。

9. 方便实用的群组和组件功能

SketchUp 软件不依赖图层，提供了群组和组件功能，用户可以自行设计组件，并通过组件功能进行交流、共享，避免了重复劳动，也提高了后续的修模效率。

10. 画面直观，即时显现

SketchUp 软件中的"相机"菜单能够从不同角度、以不同显示比例浏览建筑形体和空间效果，并且这种实时处理的画面与最后渲染输出的图片完全一致，不需要花费大量时间来等待渲染效果完成。

（二）使用 SketchUp 创建三维模型的流程

步骤 1：在建模之前，用户需要对 AutoCAD 图纸进行分析，并对设计的重点形成清晰的认识，以便在建模过程中充分表达自己的想法。

步骤 2：AutoCAD 平面设计图纸里含有大量的文字、图层、线和图块等信息，所以在分析 CAD 图纸后，还要整理简化图纸，即删除图纸上对建模没有参考意义的信息，以及清理图纸上多余的项目。然后，将整理好的图纸导出保存。

步骤 3：在"文件"菜单下单击"导入"，将整理好的 AutoCAD 建筑平面设计图纸导入 SketchUp 软件中（见图 6-57）。注意，要将单位改为毫米。

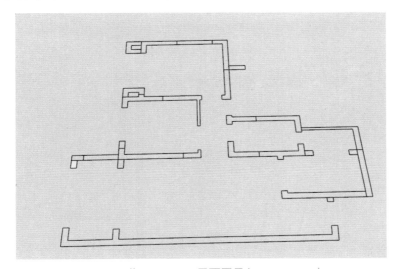

图 6-57　将 AutoCAD 平面图导入 SketchUp 中

步骤 4：单击"直线"按钮 ✐，将所有的线进行连接，形成封闭的墙面（见图 6-58）；单击"推 / 拉"按钮 ◈，将所有面向上拉 3200mm，形成墙体（见图 6-59）。

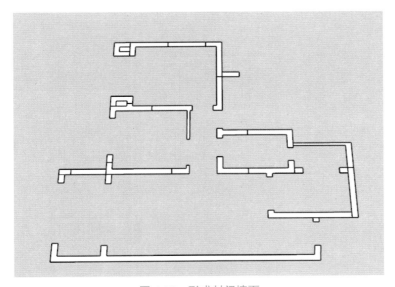

图 6-58　形成封闭墙面

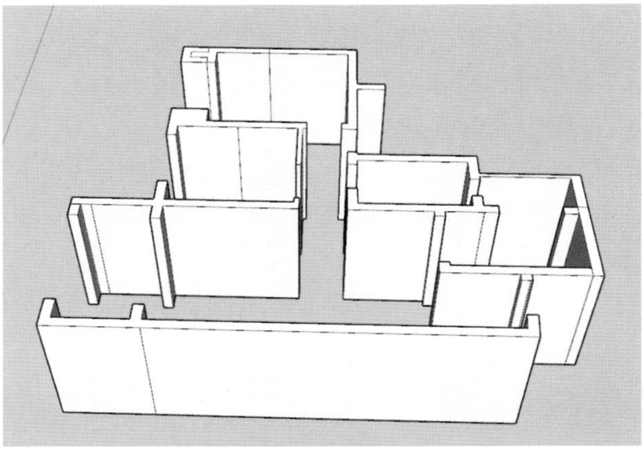

图 6-59 推 / 拉墙面

步骤 5：单击“擦除”按钮，删除多余的线条（见图 6-60）。

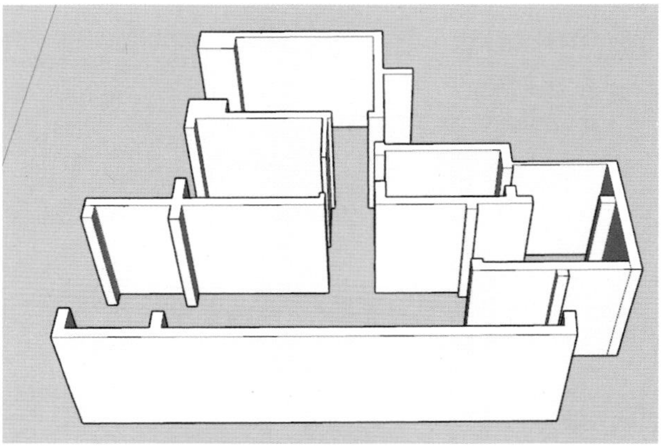

图 6-60 擦除多余线条

步骤 6：单击“矩形”按钮，绘制地面（见图 6-61）。

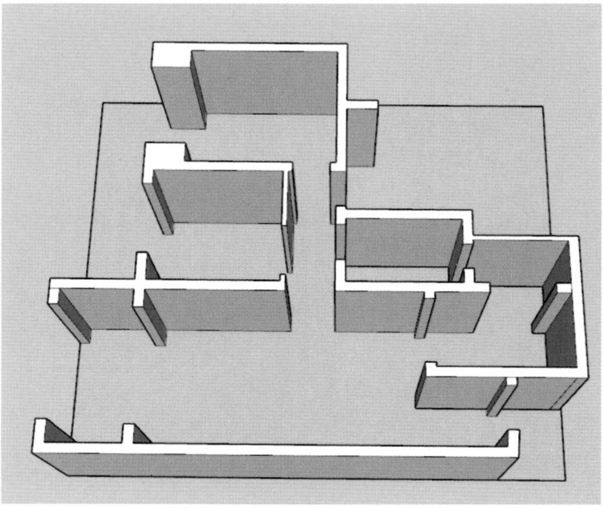

图 6-61 绘制地面

步骤 7：单击"矩形"按钮▣，在客厅墙面上绘制电视背景墙，并使用"推 / 拉"按钮◈为电视背景墙造型（见图 6-62）。

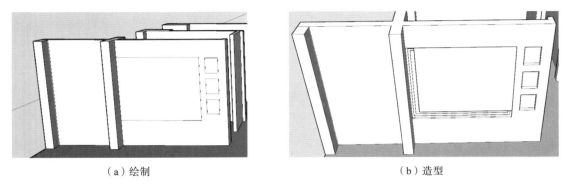

（a）绘制　　　　　　　　　　　　　　　　　　　　　　（b）造型

图 6-62　绘制电视背景墙

步骤 8：单击"直线"按钮✎，在电视背景墙下面画一条线，形成一个面；单击"推 / 拉"按钮◈向外拉，做出电视柜的雏形（见图 6-63）。

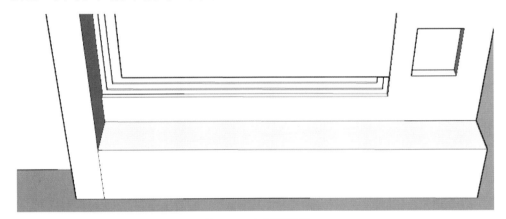

图 6-63　电视柜雏形

步骤 9：单击"矩形"按钮▣，绘制两个矩形面（见图 6-64）；单击"圆"按钮◉，在两个矩形面的中心位置分别绘制一个圆（见图 6-65）；单击"推 / 拉"按钮◈将矩形面和圆面向外拉，做出抽屉的造型（见图 6-66）。这样，就完成了整个电视背景墙的建模（见图 6-67）。

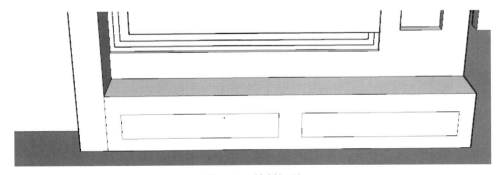

图 6-64　绘制矩形

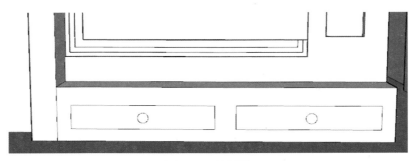

图 6-65 绘制圆

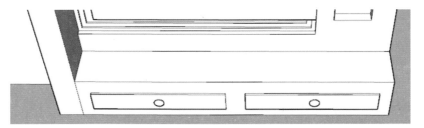

图 6-66 推 / 拉出抽屉

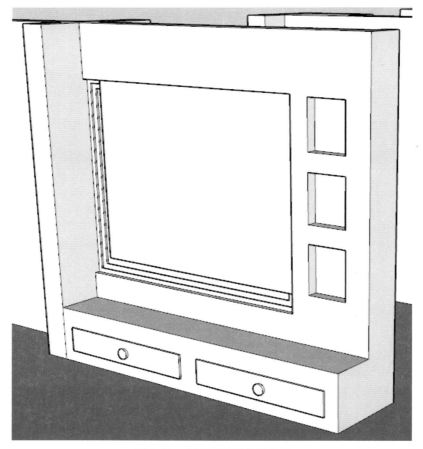

图 6-67 电视背景墙建模效果

步骤 10：在"默认面板"下的"材质"中选择合适的材质为地面、墙面及其他物品进行材质填充（见图 6-68）。

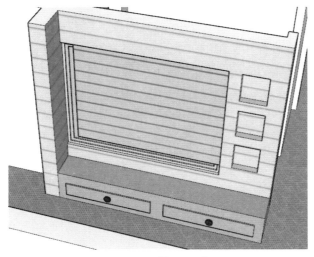

图 6-68　填充材质

步骤 11：导入需要的组件，让室内装饰更丰富（见图 6-69）。

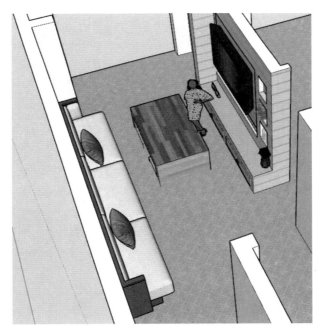

图 6-69　导入组件

二、渲染

SketchUp 没有内置的渲染器，如果想得到渲染效果，需要借助 V-Ray、Artlantis 等渲染器渲染出高品质的效果图。

第五章已对 V-Ray 渲染器做过简要介绍，这里不再赘述，本章只针对 SketchUp 软件中 V-Ray 渲染器的使用进行讲解。

（一）V-Ray for SketchUp 工具栏

安装好与 SketchUp 软件相匹配的 V-Ray 渲染器后，重新启动 SketchUp 软件，页面上会直接出现 V-Ray 渲染工具栏（见图 6-70），工具栏中每个按钮的名称如表 6-2 所示。

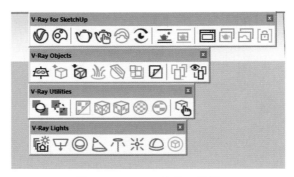

图 6-70　V-Ray 渲染工具栏

表 6-2　V-Ray 渲染工具栏中按钮的名称

按钮	名　称
	资源编辑器：包含用于管理 V-Ray 资源、渲染设置的选项及列表
	资源浏览器（模型库）
	标准渲染
	交互式渲染：实时查看渲染图像的更新，可以边修改边预览
	云渲染
	打开渲染器
	视口渲染：在视图窗口中进行交互式渲染
	视口分区渲染：在视图窗口中选择渲染区域
	帧缓存窗口（渲染窗口）：简称 VFB，可以预览渲染效果和导入的图片，也可以通过帧缓存窗口的一些功能对图像进行调整
	批量渲染：对多个场景进行批量渲染

续表

按钮	名　称
	批量云渲染
	锁定相机视角
	无限大平面：在渲染时为场景创建一个无边界的大平面
	输出代理物体
	导入代理物体
	创建毛发
	创建剖切
	为组添加置换
	贴花
	将组转为散件
	散布预览
	启用实体小部件
	隐藏 V-Ray 小部件
	去除材料
	立方体贴图映射（全局坐标系）
	立方体贴图映射（局部坐标系）
	球体贴图映射（全局坐标系）

按钮	名　　称
	球体贴图映射（局部坐标系）
	场景交互工具
	灯光生成器
	面光源
	球形灯
	聚光灯
	IES 光域网
	点光源
	穹顶光源
	几何体光源

（二）V-Ray 光源

光源在设计图的渲染中起着至关重要的作用，无论是室内场景还是室外场景，精确的光线都是表现物体表面材质效果的前提，这些效果都可以通过 V-Ray 灯光工具栏中相应的照明选项实现。

（三）V-Ray 材质与贴图

在 SketchUp 软件中完成建模后，必须通过"材质"系统来再现物体的色彩、纹理、光滑度、反光度、粗糙度等属性，才能真实模拟物体，得到更加完善的效果图。

材质可以模拟出物体的所有属性；贴图是材质的一个层级，对物体的某种单一属性进行模拟。在一般情况下，贴图是为了改善材质的外观和真实感。

V-Ray 材质的赋予是通过 V-Ray "资源编辑器"按钮 ✅ 实现的。单击"资源编辑器"按钮，打开"资源编辑器"（见图 6-71），在材质选项中单击左边栏位置，就可以展开材质库（见图 6-72）。

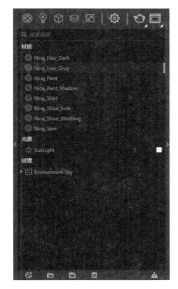

图 6-71 V-Ray 资源编辑器

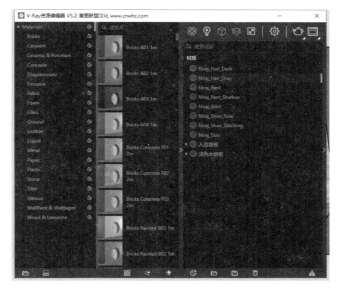

图 6-72 材质库

作业

（1）SketchUp Pro 2022 的初始操作界面主要由哪些元素构成？

（2）在绘图窗口中出现的绘图坐标轴分别有哪几种颜色？

（3）在 SketchUp 软件中创建一个长 6000mm、宽 4000mm、高 2000mm 的长方体。

本章习题

（4）在 SketchUp 软件中创建一面电视墙，并为其填充材质。

（5）在 SketchUp 软件中创建一个包括小房子和草地的简单场景，并从模型库中找到合适的模型添加到场景中。

第七章 室内设计与建筑表现设计实例联系

建筑表现是建筑设计成果的一种直观表达方式。它包括静态建筑表现和动态建筑表现两种。前者包括建筑透视图（建筑效果图）和实体建筑模型；后者包括借助数字技术的多媒体动画和虚拟现实。

随着计算机技术的应用和普及，人们对建筑表现的可视化效果要求越来越高，所以建筑效果图也从传统的手绘制图逐渐演变为三维软件制图。

三维软件制作出的效果图包括静态效果图和动态效果图。静态效果图可以通过 3ds Max、SketchUp、Rhino 等软件精确地模拟建筑在不同光照、天气条件下的外观、材质质感和色彩等；动态效果图（如动漫）则能够带领观看者以不同的视角穿梭于虚拟的建筑内部和周边，可以使观看者更好地感受空间的连续性和流动性。

优秀的建筑表现有助于项目的推广和销售。在项目前期，通过有吸引力的效果图和模型可以吸引潜在的投资者、购买者和使用者。同时，它也是室内设计过程中的重要沟通工具，能够让业主等各方更好地理解设计师的设计意图，及时发现设计中存在的问题，并进行调整。

室内设计只有通过建筑表现，才会更直观、易懂。

第一节 室内 / 公装 / 建筑施工图纸绘制

为了使建筑、室内设计制图规范，保证制图质量，提高制图效率，做到图面清晰、简明，符合设计、施工、存档的要求，适应工程建设的需要，建筑、室内设计制图应遵守《建筑制图标准》（GB/T 50104—2010）、《房屋建筑制图统一标准》（GB/T 50001—2010）、《房屋建筑室内装饰装修制图标准》（JGJ/T 244—2011）及国家现行的有关强制性标准、规范的规定。

一、室内施工图纸绘制

一套完整的室内施工图包括原始户型图、平面布置图、地材图、电气图、顶棚图、主要空间和构件立面图、给水施工图等。

AutoCAD 绘图软件在室内设计领域中被人们广泛应用，是施工的关键所在。在绘制图纸前，应先大致了解图纸内容，了解作图的基本流程。一般来说，绘制图纸应从轴线开始，然后逐步绘制出墙、柱、门窗、家具等相关图形要素，最后再进行尺寸、文字等标注。

（一）绘制图纸的方法与设置

1. 图框

室内施工图纸的标准大小为 A3 打印纸（520mm×297mm），图纸包括会签栏和标题栏。标题栏显示信息包括但不限于图纸名称、时间、审核、制图、图号等。依据用户不同要求，所显示的信息也不同。

2. 绘图空间

（1）使用模型绘图时，图纸与现实的比例为 1∶1，加入图框时，要保证图纸不变、图框缩放。模型制图是较为常用的方法，因为操作简单，还可以一次性显示多张图纸，便于观察比较。

（2）使用布局绘图时，首先需要进行比例设置，在上方工具栏中打开"视口"对话框，在对话框中可以选择或者手动设置比例到合适大小。其次选中视口单击右键打开特性，将"显示锁定"更改为"是"。

3. 标注设置

在标注设置页面，单击"修改"进入修改标注样式界面。单击"调整"，勾选使用全局比例，将比例设置为 A3 打印纸与现实大小的比例，如 1∶50、1∶75、1∶100。如果使用布局绘图还需要单击"主单位"，将比例因子设置为与视口比例相同的大小。

（二）图纸绘制

1. 原始户型图

（1）彩平图绘制法：在还没有去现场量房时，将用户提供的房屋户型图导入 AutoCAD 中，然后通过缩放图片大小进行描图。以该方法制图的目的是了解所要设计的房屋信息，但最终还是需要到现场测量准确的数据。选择的彩平图必须带有尺寸标注和承重墙结构。

首先，将彩平图直接拖入 AutoCAD 中，输入快捷指令"DLI"进行测量，根据测量显示数据与图片标注尺寸进行比较缩放。选中图片，输入快捷指令"SC"进行缩放，缩放数值为图片显示尺寸除以测量尺寸。其次，输入快捷指令"XL"进行辅助线的绘制，在墙体节点位置拉出一横一竖两根辅助线，输入快捷指令"O"进行偏移，根据图片所显示的数据偏移出所有构造线。输入快捷指令"TR"进行删减，将不需要的辅助线全部删除，做出墙体轴网。最后，输入快捷指令"O"进行偏移，将选择好的轴网上下各偏移一定距离，绘制出整个墙体。

（2）手绘量房图绘制法：使用手绘量房图进行室内施工图纸绘制是一种规范的绘制方法，需要设计师到现场去测量尺寸，并标注门窗、烟道、管道、承重墙等信息。该方法通过手绘的方式将数据记录在白纸上，根据手绘量房图进行计算机绘图。

输入快捷指令"L"进行直线绘制，从入户门开始根据墙体走向按照量房图记录的尺寸数据单线绘制。输入快捷指令"O"进行偏移，将所有墙体向外偏移一定距离，注意留出飘窗、烟道、管道等的位置，窗户可以通过设置偏移数值和偏移次数实现重复绘制。家装墙体厚度均为240mm，在绘制中严格控制数据误差。标注出墙体的承重结构、进排系统和原有状态。原有状态是指原有的墙面状态及层高、地面下沉等状态，如果户型中涉及以上内容，就需要在图中进行标注。

承重结构需要表现承重墙和横梁，标注承重结构影响设计时的墙体拆除问题。首先，通过矩形工具或者直线工具确定承重墙位置，输入快捷指令"H"进行填充，选择填充样式，将承重墙与普通墙体进行区分。其次，将横梁位置的线条更改为虚线，与普通墙体进行区分。进排系统包括强弱电箱、水管地漏、燃气管、空调孔等，电箱需要在图中标注出大小、离地等信息。

2. 平面布置图

平面布置图是室内施工图纸中的关键性图纸，是根据用户要求和设计师的设计意图，在原建筑结构的基础上对室内空间进行详细的功能划分和室内设施定位的图样，反映了室内家具及绿化、窗帘和灯饰等其他布置在平面中的位置。

绘制平面布置图，需要先确定设计草图，然后根据草图绘制 AutoCAD 设计图，要注意把控家具的尺寸及家具模块的选用。

（1）设计师在绘制出原始结构图以后，需要根据户型情况、用户要求、预算等信息，初步确定设计方案。可以通过手绘或者其他绘图软件的形式表达出来。

（2）将绘制好的原始结构图复制一张，将除墙体以外的所有信息全部删除。打开 AutoCAD 家具图库，根据设计草图在墙体中先标注拆砌墙信息，留出门洞位置，做好硬装布局后再根据草图在图库中选择合适的家具。需要注意的是，图库中的部分家具是以单独的线条形式出现的，遇到这种情况需要输入快捷指令"B"执行组块命令。

（3）家具的尺寸要严格依据人体工程学的尺寸进行缩放。输入快捷指令"DLI"进行测量，根据测量的数据和制图标准的要求进行缩放。

（4）家具模块要根据用户的喜好及房屋信息来选用，还需要考虑价格、质量、风格、色彩等因素。另外，固定家具、所有门及门套需要标注是工厂定制、现场制作还是业主自理。

3. 地材图

地材图是用来表示地面做法的图样，包括地面用材和形式。

（1）复制平面布置图，将不用的信息全部删除，只保留固定家具及部分洁具，例如马桶、吊柜等。输入快捷指令"PL"进行多段线绘制。从房间一点出发，沿墙体走线直到闭合。输入快捷指令"O"进行偏移，偏移一定距离绘制出波导线。波导线并非所有房间都需要，应根据实际情况而定。

（2）根据不同空间选择不同的地面材料进行填充。输入快捷指令"H"执行填充命令，类型选择"用户定义"并选择需要的填充图案，勾选"双向"间距，设置数值，点击需要填充的空间进行填充，注意应单独填充门槛石。卫生间、厨房、卧室、客厅等不同空间可以选择不同的材质。例如，客厅使用 800mm×800mm 玻化砖，卫生间使用 300mm×300mm 防滑砖，卧室使用 90mm×1200mm 木地板。

4. 顶棚布置图

绘制顶棚布置图需要根据设计风格确定主要材料和造型，使用轻钢龙骨或石膏板吊顶、铝扣板吊顶。还需要根据空间形状确定顶棚的形状，一般常见的家装吊顶造型多为矩形或者"L"形，非矩形吊顶均称为异形吊顶。设计师需要考虑原来横梁的位置及所需要的电器设备（如中央空调）来制定天花板尺寸，根据原来空间和家具的摆放位置来确定灯具位置。

首先，复制平面布置图和原始结构图的横梁，将不用的信息全部删除，只保留固定家具及吊柜。

其次，根据设计草图来绘制客厅空间的顶棚造型。输入快捷指令"REC"进行矩形绘制，依据空间两个对角点绘制一个矩形，选中矩形输入快捷指令"O"进行偏移，偏移一定距离，做出顶棚基本形状，中间位置中空，四周做造型，打造两层顶棚。卧室空间可以不做复杂的顶棚造型，简单地设置一圈石膏线即可，石膏线的绘制方法是输入快捷指令"REC"沿对角点绘制矩形，偏移一定距离，线形为直线，颜色为白色，然后将两线条各向内偏移一定距离，将线形更改为虚线，设置比例，颜色为灰色。接着，再将四个角落的对角线连接。卫生间位置输入快捷指令"H"填充 300mm×300mm 的铝扣板即可。

最后，绘制灯具。在客厅石膏板造型中放置筒灯、客厅放置吊灯、卧室放置吸顶灯，标注清楚吊顶的材质信息，并在图纸左下方绘制表格列出灯具信息。

5. 顶棚剖面图

绘制顶棚剖面图需要先根据顶棚造型确定哪些位置需要做剖面，确定位置以后要在该位置插入剖面符号，并标注编号进行区分，剖面符号的插入位置在顶棚布置图上，按快捷键"CTRL+3"进行注释符号选择，点击"注释"—"剖面标注"—"英制"设置比例，将剖面标注旋转方向到合适位置，拉伸剖面标注前端标注杆到需要绘制剖面图的位置，双击剖面标注更改编号。然后复制顶棚平面作为索引图，结合顶棚平面中的造型和灯具及横梁尺寸绘制剖面图，删除复制出来的平面图中不必要的填充，输入快捷指令"XL"旋转方向，根据墙体线偏移画横线，根据地面线偏移画竖线，删除多余的辅助线。接着，为不同的墙体添加不同的填充图案进行区分，最后标注好所使用的材料。

6. 电路走向图

复制顶棚布置图，删除不用的部分，为了在打印时突出开关连接线及灯具，一般会把除连接线及灯具以外的其他地方全部设置为最细线形。开关的离地高度默认为 1400mm，如果有其他设计需要可以在图中进行标注，例如，床头柜位置的开关离地高度可以单独标注为 750mm。此外，应在图纸左下方绘制表格列出开关信息。

7. 给排水图

（1）给水示意图包括冷水和热水，绘制前先要复制电路走向图，删除图中的插座布置，确定热水器的位置，根据需求来布置水路。用多段线连接热水器和出水口（分冷热水），冷热水管与出水口需要添加图例进行说明，一般为左热右冷。

（2）排水示意图包括排水和排污，输入快捷指令"C"进行画圆，复制一个圆形，更改线形为虚线代表排污管，实线代表排水管，将排污管和排水管放在指定位置，洗手池连接排水管，马桶连接排污管，连接线加粗显示。

由此可见，一套完整规范的室内施工图的绘制是基于 AutoCAD 软件完成的，设计师一定要熟练使用 AutoCAD 并掌握规范的制图方法。同时，要注重理论知识的学习，提高知识储备、开阔知识视野、更新知识结构。将人体工程学、室内设计原理、工程制图的方法技巧运用到图纸绘制过程中，明确自己的身份是"设计师"而非"绘图员"。设计方案要基于现实依据，不能想当然，使图纸绘制合理、合规、合法。

二、公装施工图纸绘制

（一）公装概述

公装是指对有一定规模的公共场所实施的装饰工程，是整个建筑领域中的一个重要组成部分，其工程量大，施工时间长，且造价相对较高。

公装（尤其是商业场所）的装修，其专业与否在很大程度上取决于设计所创造的商业价值。商业空间的装饰设计和家庭装饰设计最大的区别就在于商业空间追求的是让客户通过设计获得利润最大化。另外，公装的空间设计远比家装设计复杂得多。

一般商业场所的装潢装饰要根据公共建筑的规模大小和功能不同来改变方案。例如，办公室的环境要注意采光、布局公开与私密程度的结合，合理设计员工用餐地与休闲地、会议空间等；商铺装修设计应能够吸引消费者的眼光，内部空间根据消费者心理来布局，实现产品品牌的突显；酒店设计的档次目标，应根据客户的想法，及其欲打造的不同档次进行相应变化，房间的风格与配套设施都要注意兼顾。

因此，在进行公装设计前需要前期的沟通，设计师要熟悉项目，并对其进行调查研究，以掌握原始数据。

（二）设计流程

（1）参考效果图和设计文本，参考基础建筑图纸（建筑平、立、剖面的详图）、建筑结构图纸、机电图纸、给排水图纸等，梳理整个设计方案的内容和脉络，确保施工图符合国家规范标准，避免安全隐患和质量问题。

（2）根据功能需求绘制平面布置图，包括区域划分、家具摆放等。

（3）绘制顶面布置图，包括灯具点位、吊顶造型等。

（4）绘制立面图，反映空间的立面设计。

（5）掌握项目中涉及的具体物料信息，如材料规格、品牌、种类等。

（三）绘图技巧

（1）使用 AutoCAD 软件进行绘图，设置标准的图例、符号、标注和文字，使图纸清晰易懂。

（2）了解常用材料和工艺知识，准确表达设计细节。

（3）明确材料规格、型号、品牌、种类等信息。

（4）明确灯光与照明，包括灯光的色温、照度、光束角等参数。

三、建筑施工图纸绘制

AutoCAD 是绘制建筑施工图纸的计算机辅助设计软件，使用它可以提高绘图效率、缩短设计周期、提高图纸的质量。

（一）原则

（1）遵循国家的相关规定和规范，如图纸幅面、标题栏和会签栏的规格、图线、字体和尺寸标注等。

（2）使用 AutoCAD 绘制建筑施工图纸的基本步骤是设置图幅—设置单位和精度—设置图层—设置文字样式—绘制图形。

（3）为不同类型的图元对象设置不同的图层、颜色、线宽、线型和线型比例，而图元对象的颜色、线型及线宽都应由图层控制。

（4）在"草图设置"对话框中，设置常用工具模式，需要精确绘图时，可使用栅格捕捉功能，并为栅格捕捉间距设置适当的数值。

（5）在"选项"对话框中修改常用的三项默认系统配置：绘图区为白色、按实际情况显示线宽、自定义右键功能。

（6）对于需要命名的对象，如视图、图层、图块、线型、文字样式、打印样式等，命名时不仅要简明，而且要遵循一定的规律，以便查找和使用。

（二）方法

1. 建立样板文件

在绘制建筑施工图纸时，每次都要确定图纸幅面、绘制边框、标题栏和会签栏，还有绘图单位、绘图界限、标注样式、点样式、字体样式、图层设置等，非常麻烦。所以，在绘制建筑施工图纸前可以先建立样板图，将这些常用的信息保存为一个样板文件，其扩展名为"dwt"。在之后的制图中就可以直接调用此样板文件，然后在其基础上进行绘图，从而节省时间，降低制图的错误率。

举个例子，如果要建立 A3 幅面的样板文件，步骤如下。

首先，使用"向导"方式创建；单位：保留默认的单位设置，测量单位为小数，精度为 0.0000；角度：选择十进制度数，精度选择 0.0；角度测量：起始方向，保留默认设置"东"，一般起始角度是 x 轴的正方向；角度方向：以逆时针作为角度的正方向，顺时针作为角度的负方向；区域：在宽度文本框中输入 A3 图纸的长边尺寸 420，在长度文本框中输入 A3 图纸的短边尺寸 297，完成设置；在命令行中输入 ZOOM 命令，选择"全部(A)"选项，显示幅面全部范围，还可以单击状态栏中的"栅格"按钮，观察图纸的全部范围。

其次，设置图层，这是最关键的一步。需要设置标题栏层、轴线层、墙体层、门窗层、尺寸标注层、文本层等，其中墙体层线宽和轴线层的线型要进行设置。此外，还要设置文字样式、标注样式等，文字样式需要建立两个："汉字"样式和"数字"样式。"汉字"样式采用"仿宋_GB2312"字体，用于填写工程做法、标题栏、会签栏、门窗列表中的汉字样式等；"数字"样式采用"simplex.shx"字体，用于书写数字及特殊字符。标注样式，以"建筑"标注样式的创建为例。

单击"标注"—"标注样式"，弹出"标注样式管理器"对话框。此时，在"标注"列表框中列出了当前文件所设置的所有标注样式，"预览"显示框用来显示"样式"列表框中所选的尺寸标注样式。

单击"置为当前"按钮可以将"样式"列表框中所选的尺寸标注样式设置为当前样式，单击"新建"按钮可新建尺寸标注样式，单击"修改"按钮可修改当前选中的尺寸标注样式。

单击"新建"按钮，在弹出的"创建新标注样式"对话框中，设置新样式名为"建筑"，在基础样式下拉列表框中可以选中新建标注样式的模板，新建的标注样式将在基础样式的基础上进行修改。

单击"继续"按钮，弹出"新建标注样式：建筑"对话框，各个选项卡设置如下。

"直线"选项卡，用来设置尺寸线及尺寸界线的格式和位置，将"起点偏移量"设置为3；"符号和箭头"选项卡，用来设置箭头及圆心标记的样式和大小、弧长符号的样式、半径转弯角度等参数，将箭头的格式设置为"建筑标记"；"文字"选项卡，用来设置文字的外观、位置、对齐方式等参数，将文字样式设置为"数字"，文字高度为3.5；"调整"选项卡，用来设置标注特征比例、文字位置等，还可以根据尺寸界线的距离设置文字和箭头的位置；"主单位"选项卡，用来设置主单位的格式和精度，将单位格式设置为"小数"，精度为0；"换算单位"选项卡，用来设置换算单位的格式和精度；"公差"选项卡，用来设置公差的格式和精度。

2. 使用图块

在绘制图纸中，经常会遇到一些重复的图形，如国家和地方的标准图集、室内设计中的门窗、家具、设备和装饰物等，以及建筑渲染中的材质和背景等。如果将这些经常使用的图形保存起来，按类组成素材库，就可以避免许多重复性的工作，既可以节省存储空间，又能提高绘图的效率与质量。

举个例子，在绘制门窗时，最好将所要保存的块的大小定为一个基本单位，之后在插入块时，就可以更加方便地使用。例如，定义一个1000mm×100mm的窗户，当需要插入1500mm×370mm或1200mm×240mm的窗户时，只需在插入块的对话框中分别将 X、Y 的缩放比例改为1.5、3.7或1.2、2.4即可。同理，在绘制门时，也可以先绘制好一个半径为1000的门块，具体使用时根据比例进行缩放即可。

此外，还可以在块中定义属性，为图块附加一些文本信息，以增强图块的通用性，这些文本信息称为属性，如果某个图块带有属性，那么用户插入该图块时，可根据具体情况依据属性为图块设置不同的文本信息。例如，在绘制标题栏时，绘制好基本的图形后，在其中将不变的内容，如姓名、专业、班级、学号等类别名称用"文字"命令标出，需要临时填充的内容,如具体某人的名字、所学的专业、班级、学号、图名等变化的部分则可以使用属性定义。

3. 技巧

在绘制墙体时,一般都是先绘制好轴线,再使用多线绘制墙体,并在需要插入门窗的位置对墙体进行修剪,从而留下门窗的位置。所以,要熟练掌握多线命令。在设置好多线样式后,绘制过程中会有以下提示。①对正:对正类型分为上、无、下三种。与绘制直线相同,绘制多线时需要输入多线的端点,但多线的宽度较大,需要确定拾取点在多线的哪一条线上,即多线的对正方式。②比例:该选项用来确定所绘多线相对于定义(或缺省)的多线的比例系数,用户可以通过调整不同的比例改变多线的宽度。③样式:该选项用来确定绘制多线时所应用的多线样式。若想改变多线样式,需根据系统提示,输入设置过的多线样式名称。当绘制完墙体后,还需编辑多线。

在绘制门窗时,主要是将门窗制作成块,然后插入门窗块,调整缩放比例。

建筑立面图主要表现建筑物的立面及建筑外形轮廓,如房屋的总高度、檐口、屋顶的形状及大小等。用 AutoCAD 绘制建筑立面图时,通常先根据轴线尺寸画出竖向辅助线,依据标高确定水平辅助线,再根据辅助线绘制立面图。在绘制时会发现那些复杂的立面由简单的图形复制、阵列、偏移、填充、镜像、块及属性的定义和块插入等方法就可以完成。如果想绘制一幢住宅楼立面图中的窗户,在绘制之前就应先观察一下这栋建筑物上窗户的种类,在绘制过程中,只要将每种类型的窗户绘制出一个,其余的都可以用复制命令或者阵列命令等来实现,而在绘制其中的一扇窗户时又可以用到偏移、镜像等命令。

4. 注意事项

建筑的平、立、剖面图是建筑施工图纸中最常见的基本样图,绘制时需要注意以下事项。

(1)绘制平面图时需注意以下事项。①被剖切到的柱子、墙体的断面轮廓线为粗实线;门窗的开启示意线为中粗实线;其余可见轮廓实线为细实线。②绘制时,须按照剖切方向由上向下看,所能够观察到的物体属于该层平面图中的内容。③绘制时,各个部分应按照设计的实际尺寸及数量绘制。④尺寸标注是建筑平面图的重要内容之一,必须规范注写,其线性标注分为外部尺寸和内部尺寸两大类。外部尺寸分三层标注:第一层为外墙上门窗的大小和位置尺寸;第二层为定位轴线的间距尺寸;第三层为外墙的总尺寸。要求第一层距建筑物最外轮廓线 10~15mm,三层尺寸间的间距保持一致,通常为 7~10mm。另外,还有台阶、散水等细部尺寸。内部尺寸主要有内墙厚、内墙上门窗的定型及定位尺寸。对于标高的标注,需注明建筑物室内外地面的相对标高。⑤在建筑物的底层平面图中应注意指北针、建筑剖视图的剖切符号、索引符号等的绘制。

(2)绘制立面图时需注意以下事项。①立面图的名称可按照立面所在的方位或按照两端轴线编号来确定。②为了层次分明、增强立面效果,立面图中会涉及以下几种宽度的实线:立面的最外轮廓线用粗实线绘制;地平线采用加粗实线(约为 1.4 倍的粗线宽)绘制;台阶、门窗洞口、阳台等有凸凹的构造采用中粗实线绘制;门窗、墙面分隔线、雨水管等细部构造采用细实线绘制。③立面图的绘制离不开平面图,所以在绘制立面图的过程中，应随时参照平面图中的内容，如门窗、楼梯等设施在立面图中的位置都要与平面图中的位置相对应。④立面图中只标注立面的两端轴线及一些主要部分的标高，通常没有线性标注。

（3）绘制剖面图时需注意以下事项。①注意底层平面图上的剖切符号，看准其剖切位置及投影方向。②剖面图中的实线只有粗细两种：被剖切到的墙、柱等构配件用粗实线绘制，其他可见构配件用细实线绘制。③平、立、剖面图相当于物体的三视图，因此剖面图的绘制离不开平面图和立面图，在剖面图中绘制门窗、台阶、楼梯等构配件时，应随时参照平面图和立面图中的内容确定各相应构配件的位置及具体的尺寸。

总而言之，建筑施工图纸设计水平和绘画质量与建筑质量息息相关。在设计绘画过程中，方案设计除了追求外立面效果，还需要满足经济实用、消防安全、保护环境等多方面的要求。

第二节　室内/公装/建筑效果图渲染

制作效果图最重要的两个步骤是建模和渲染。在三维软件中制作出的模型是不具备任何材质属性的，只有通过渲染才能让模型拥有照片般的效果，使模型看起来更加真实，渲染决定了效果图质量的优劣，所以在制作效果图的过程中，渲染是难点，也是重点。

当前，V-Ray 渲染器是比较常用的一款渲染工具，它提供了多种专业的材质球供用户选择使用，可以渲染出相对逼真的画面效果，以满足用户对效果图的设想。

在实际的效果图渲染过程中，渲染参数会影响效果图的出图效率和质量，不同的材质配合不同材质的物理属性可以产生千变万化的效果，所以用户要灵活调整运用 V-Ray 渲染器的渲染参数。例如，在利用 V-Ray 渲染器渲染材质时，材质本身会对反射速度产生影响，它所反射的颜色亮度值越高，反射效果就越强烈，而渲染速度就越慢。

如果想利用 V-Ray 渲染器快速渲染出精美的效果图，就要熟练掌握 V-Ray 渲染器的基本操作步骤，并了解其具体的渲染方法和技巧。

在渲染效果图的过程中，一定要利用快速表现手法，其操作思路就是要弱化时间概念，强调室内外一般效果的合理表现。可以利用两盏方向相对且强度在 1.0～2.5 的片光素材来表现室内外景象。要在摄像机的可见窗口位置放置一个白色或灰色的自发光材质长方体，用以进行渲染遮盖，合理表现室外景象。还可以在环境设置中采用一张角度适中的外景贴图，并采用 V-Ray 渲染器中默认的线性指标进行曝光，以获得理想的渲染效果。

在渲染前要检查所采用的材质数据，根据所需要渲染的图像进行调整，并设置较大的输出尺寸，以满足最终的室内外效果图渲染要求。

材质是渲染中的一个重要环节。材质的最终属性是计算机通过控制各个方面不同的属性来决定的，找到现实生活中材质的具体区别，进入软件设置后就会非常便捷地知道如何设置材质的基本属性，以达到最终的效果。例如，布料、实木、玻璃、不锈钢金属、金色装饰品、照明灯、水等都是实际生活中常见的材质，因此能够准确地区分它们的不同，理解材质不同的特点，对 V-Ray 渲染器中的材质也就有了大概的了解。

　　不同物体表面的纹理表现是不同的，如木材表面的纹理用肉眼就可以很明显地观察出来，但像玻璃、金属表面的纹理就不是很明显了，而且它们会随着环境的不同而发生变化，也就是人们俗称的反射效果，其实本质也是纹理表现的一种方式。在具体的设置中，如果物体表面没有纹理，只需要对其颜色进行设置，并赋予不同的贴图就可以了；如果物体表面具有纹理属性，就需要进入高级设置面板设置材质，并且在置换贴图的位置加入其黑白纹理贴图。

　　高光效果和物体表面纹理的粗度有很大的关系，在生活中玻璃和金属会有很强的高光，但是木材和布料表面就很难形成明显的高光效果。高光效果还和光照有很大的关系，如场景中光照效果很弱，得到的高光效果就会比较柔滑，表面再光滑也是一样的，所以高光效果是材质表面纹理和光照强度的集合体。高光的设置具体有三个方面，即高光的级别、光泽度、光线的柔化程度。

　　在效果图的表现中，反射和折射是比较重要的部分，透明的物体表面（如玻璃）是有反射和折射的，不透明的物体只有反射没有折射，而且表面越光滑反射效果越明显，如高光瓷砖、不锈钢金属就会有很强的反射。

　　材质的透明、高光、折射、反射这四个属性是材质最为基础的属性，只要能够细致地进行研究和多次的尝试，就足以渲染出真实的物体材质效果了。

　　在建筑表现中，玻璃材质、不锈钢材质、水材质和磨砂金属材质比较难以表现，下面具体讲解一下。

　　玻璃材质：打开材质编辑器，在反射属性右侧的颜色池中将 RGB 三色值设置为220/220/220，因为 V-Ray 渲染器材质中反射和折射是通过颜色来控制的，所以颜色越浅说明反射或折射越强；同样，在折射属性右侧的颜色池中将 RGB 三色值改为 220/220/220，就能表现比较强的折射。

　　不锈钢材质：不锈钢材质具有典型的强反射属性，所以调整它的反射属性就可以达到需要的效果，表面色可以保持默认不做调整，将反射属性右侧的 RGB 三色值调整为255/255/255，能呈现非常强烈的反射，这样就能表现不锈钢的强反射属性。

　　水材质：打开材质编辑器，将表面色调为一种深蓝色作为水的颜色，将反射属性右侧的 RGB 三色值调整为 255/255/255，能呈现非常强烈的反射，为了不让水材质看起来特别光滑，可以将光泽度的值改为 0.85，这样水材质就会有波纹的效果。在折射属性右侧的颜色池中将 RGB 三色值同样改为 255/255/255，能呈现比较强的折射。同时，将反射属性右侧的菲涅耳折射率改为 4.6，这样水材质看起来就比较通透，在凹凸通道中加入凹凸贴图，用以表现水面的凹凸不平。

　　磨砂金属材质：打开材质编辑器，将反射属性右侧的 RGB 三色值调整为 255/255/255，就能呈现非常强烈的反射，为了表现磨砂金属的特性，将反射下端的光泽度调整为 0.75，用以表现高反射金属表面磨砂特性。

　　另外，灯光也是渲染中的一个重要参数，因为它直接影响着效果图的最终质量。V-Ray渲染器提供独立的灯光系统和专业的摄影机系统供用户选择使用。

第三节　园林景观设计方案

　　园林景观是指户外的风景、景色，是供人观赏、享受、利用的，并有利于人们身心健康的环境空间。园林景观可分为自然景观（如黄山）（见图 7-1）和人文景观（如赵州桥）（见图 7-2）两大类。

图 7-1　黄山

图 7-2　赵州桥

园林景观设计是一门研究如何应用艺术和技术手段处理自然、建筑和人类活动之间的复杂关系，使之达到和谐完美、生态良好、景色如画的学科。园林景观设计范围很广，包括庭院、宅院、花园、公园及城市街区等。

园林景观设计中包含水景、绿化、灌木、草地等各类物种元素，为设计师的设计方案提供了充分的艺术素材。但是，物种的生长总是伴随着"优胜劣汰"的生存法则，成功的园林景观设计要合理地挑选适当的物种，以科学的配比模式推动各类物种协调发展，形成良好的生态圈，使整个园林景观设计科学高效、合理有序。

在可持续发展的背景下，园林景观设计已成为当今的基础建设项目之一，具有较高的社会价值。通过建设园林景观，可以实现提升当地生态水平、环保水平的目的，也可以通过园林景观从侧面反映出当地的经济发展状况，还可以通过优化园林景观设计，展现当地独有的文化特色。

（一）园林景观设计方案的理念

园林景观设计不仅是对林木等景物的规划，而且是对当代政治经济、社会发展与生态环境的综合统筹。

"明确设计主题，制定设计方案"是进行园林景观设计的核心要求。进行园林景观设计不是一味地追求外在表现，而是要在每一处都呈现出所要表达的主题，这会使该园林景观的意义得到升华。

园林景观设计要同当地文化相得益彰，坚持以当地特征为重要设计元素，将当地特征与园林景观设计相融合，借用园林景观彰显当地魅力，运用当地文化创造园林景观新形式。同时，园林景观设计的实用性也是设计师需要遵循的重要设计理念，因为只有提升人民群众的体验感，才能表现出园林景观存在的价值。

很多设计师没有原创意识，在园林景观设计方面缺乏新意，设计出来的方案呆板、毫无创意，只会无意识地抄袭和模仿。例如，设计一个水景项目时，水景中水的引用与流动如何才能形成循环利用，同时又便于清理，保持水的纯净性；不同植被的生长速度、所需养分、对于日照的饱和时间，两种或多种植被间是否会出现营养抢夺情况等，这些都是设计师在进行园林景观设计时所需考虑的问题。如果被忽视或被遗忘，就会导致园林景观设计得不合理。

因此，在进行园林景观设计时，设计师不但要考虑其艺术形式，还要根据当前所具备的经济实力进行策划，在有限的经济范围内，利用物种间的相互促进作用，合理挑选景观元素，要在有限的范围内合理地进行景观布置，高效地进行土地使用，有效地避免资源物种浪费。

在进行园林景观设计时，设计师不要被单一思想所禁锢，要与时俱进、推陈出新，在设计上可以进行大胆的创新，不管是在设计原理、选材用料，还是在元素搭配、整体组合上，都要做出新的尝试。例如，在色彩上，设计师应当打破原始的园林景观都是绿色的这种固有思维，要充分意识到现今文化的多元性，在园林景观配色上也不应该仅局限于一种。利用花卉、植被、亭台楼阁等不同景观的色彩元素，借鉴设计行业的着色设计模板，设计师可以进行科学的成色搭配和组合，满足人民群众的视觉心理需要。

另外，园林景观的设计应立足当下、放眼未来。一个园林景观项目的建设不是专为某一短期目标服务的，在园林景观建成后，其中的各项资源后续都需要长期的维护，以保证园林景观的长久实用性。这就要求园林景观设计在考虑建成效果的同时，必须做好后续的承接维护工作，要多角度考虑各个季节的景观成效，避免因反复施工带来资源浪费。

总体来说，我国的园林景观设计仍处于发展阶段，虽存在诸多不足，但发展速度也很迅猛，同时又不断涌进诸多新生力量，为园林景观设计源源不断地注入新活力。

（二）园林景观设计方案的要素

园林景观包含的基本要素有地形、水体、植物、道路、构筑物、小品、设施等。以下介绍前三种要素。

1. 地形

地形是园林景观设计各个要素的载体，给其他各个要素（如水体、植物、构筑物等）提供一个存在的平台。地形就像人类的骨架一样，起到支撑整体的作用，没有地形就没有其他各种景观元素的立身之地，没有合适的景观地形，其他景观设计要素就不能很好地发挥自己的作用。

同时，地形在园林景观设计中发挥了极大的美学作用。微地形可以很好地模仿出自然的空间，如林间的斜坡，点缀着棵棵树木的深谷等。中国的绝大多数古典园林都是根据地形来进行设计的，如苏州园林（见图 7-3）等，都充分利用了微小地形的起伏变化，或山或水，设计者对空间进行了精心巧妙的构建和布局，从而营造出让人难忘的自然意境，给游园者以美的享受。

图 7-3　苏州园林

地形在园林景观设计中还起到造景的作用。微地形既可以作为景物的背景衬托出主景，同时也起到增加景观深度、丰富景观层次的作用，使景点主次分明。微地形因其本身的特点——起起伏伏的坡地、开阔平坦的草地、层峦叠嶂的山地、波澜起伏的水面等，自然而然地构成了迷人的景观。而且地形的起伏为绿化植被的立面发展创造了良好的条件，避免了植物种植的单一性。

2. 水体

水是园林景观的重要组成要素。水在园林景观中起到非常重要的作用：既可以调节空气湿度和温度，又可以溶解空气中的有害气体，净化空气；既可以蓄存雨水，调节排水，又可以灌溉草木；既可增加景观的观赏性，又可供进行娱乐活动（见图7-4）。

图 7-4　水体

3. 植物

植物也是构成园林景观的要素。用草木创造园林景观，既可以充分表现植物本身的美，又可以发挥其生态效应。

在园林景观设计中，乔木和灌木是骨干材料，尤其在城市绿化中起到支柱作用。

（三）园林景观设计方案的基本程序

1. 前期准备

了解、掌握并分析项目的相关资料；对现场进行调研，收集信息；明确项目性质及甲方要求。

2. 初步设计方案

（1）立意构思，明确设计的主题和整体风格定位。

（2）从不同角度在纸上将构思好的创意以简洁的手绘形式表达出来，这个过程不需要准确的数据，只要使人通过草图理解自己所要表达的想法即可。

3. 计算机制图

反复推敲初步设计方案，基本方案确定下来后，就可以利用计算机进行制图了。

4. 制作项目方案书

为了更好地表达自己的想法，设计师需要书写设计说明（现状说明、设计依据、设计目标）。

除了设计说明，项目方案书还包括总规划图（现状分析图、景点分析图、交通分析图、人流分析图）、效果图（规划总平面效果图、主景点透视效果图、平面效果图、剖面效果图）、种植图（种植说明现状条件、植物配置、预期效果、植物种植规划图、苗木图）、意向图（灯具、桌椅、垃圾桶、指示牌、植物、标识、雕塑、小品等）、园景的透视图，以及表现整体设计的鸟瞰图。

5. 扩充设计方案

在此阶段，须将初步设计方案具体化，即进一步细化。也就是说，在总体构思的基础上，对铺装、小品、设施、植物、水体、灯光等配置进行反复推敲、比较和调整，以达到更合理、高效、经济、环保的要求。

总而言之，园林景观设计是多项工程相互协调的综合设计，一般以建筑为硬件，以绿化为软件，以水景为网络，以小品为节点，采用各种专业技术手段辅助实施设计方案。

作业

（1）什么是建筑表现？建筑表现的表现方式都有哪些？

（2）绘制建筑施工图纸，应该遵循哪些标准及规定？

（3）在 AutoCAD 中需要建立什么文字样式，字体的作用是什么？

（4）制作效果图时最重要的两个步骤是什么？这两个步骤分别可以使用什么软件来完成？

本章习题

（5）园林景观设计中需要包含哪些要素？

参考文献

[1] 邱晓葵 . 室内设计 [M]. 2 版 . 北京：高等教育出版社，2008.

[2] 施鸣 . 室内设计基础 [M]. 2 版 . 重庆：重庆大学出版社，2014.

[3] 田婧，黄晓瑜 . 室内设计与制图 [M]. 北京：清华大学出版社，2017.

[4] CAD/CAM/CAE 技术联盟 .AutoCAD 2024 中文版室内装潢设计从入门到精通 [M]. 北京：清华大学出版社，2023.

[5] 来阳 . 3ds Max 2022 从新手到高手 [M]. 北京：清华大学出版社，2022.

[6] 孙英杰，田园，李洋 . SketchUp 2022 完全实战技术手册 [M]. 北京：清华大学出版社，2022.

[7] 周敏杰 . 快速渲染出精美的室内外效果图的方法分析 [J]. 数字化用户，2018，24（14）：252.

[8] 华红芳 . 浅谈 CAD 建筑图纸的绘制 [J]. 装备制造技术，2008（12）：191–193.

[9] 李加州，于建建 . 浅谈 V-Ray 渲染器在建筑效果图中的应用 [J]. 视听，2015（1）：179–180.

[10] 周振华 . 浅谈 V-Ray 渲染器在效果图中真实表现技巧 [J]. 电子制作，2015（7）：76.

[11] 杜晓海 . 现代城市园林景观设计现状与发展趋势研究 [J]. 居舍，2021（1）：106–107.

[12] 马书文 .AutoCad 绘制建筑图的方法与技巧 [J]. 黑龙江科技信息，2013（32）：159–160.

[13] 朱杰 . AuToCAD 在室内家装制图中的应用 [J]. 现代信息科技，2022，6（3）：98–102.

[14] 刘洋，庄倩倩，李本鑫 . 园林景观设计 [M]. 北京：化学工业出版社，2019.

[15] 刘贺明 . 园林景观设计实战：方案　施工图　建造 [M]. 北京：化学工业出版社，2018.